高等职业教育专科、本科计算机类专业新型一体化教材

U0162034

移动融合网络配置技术

蒋建峰　编　著
汪双顶　主　审

电子工业出版社·
Publishing House of Electronics Industry
北京·BEIJING

内 容 简 介

本书是"十四五"期间全国职业院校技能大赛之网络系统管理赛项的指导用书。本书侧重点不在于理论，而重点直击配置技巧与实际工程应用。本书分为三部分：网络配置技术介绍、网络系统管理赛项真题剖析和企业工程案例实战。网络配置技术介绍部分包括网络基础配置、路由技术、广域网协议及传输安全、以太网交换技术、交换机生成树与 VRRP、交换机高可靠性、应用服务与安全技术、QoS 技术、无线网络技术和 IPv6 技术，所有内容均源自网络系统管理赛项且高于竞赛内容，每章设计了源自真实工程基于竞赛的案例解析；网络系统管理赛项真题剖析部分选取了历年真题中的云计算融合网络技术部分，介绍了真题的需求分析、解题思路、解题步骤和详细的解题配置命令及要点；企业工程案例实战部分选取了锐捷公司的真实工程案例进行解析，旨在让读者掌握实际工程的网络部署技能。

本书适用于希望学习网络设备配置和提高配置能力的读者，包括网络工程师、网络设计规划人员，也可以作为中等职业院校和高等职业院校网络系统管理赛项的训练指导书。

图书在版编目（CIP）数据

移动融合网络配置技术 / 蒋建峰编著. —北京：电子工业出版社，2022.1

ISBN 978-7-121-42098-6

Ⅰ.①移… Ⅱ.①蒋… Ⅲ.①移动通信—通信网—配置 Ⅳ.①TN929.5

中国版本图书馆 CIP 数据核字（2021）第 195422 号

责任编辑：李　静　　　特约编辑：田学清
印　　刷：北京七彩京通数码快印有限公司
装　　订：北京七彩京通数码快印有限公司
出版发行：电子工业出版社
　　　　　北京市海淀区万寿路 173 信箱　　　邮编：100036
开　　本：787×1092　　1/16　　印张：13.75　　字数：300 千字
版　　次：2022 年 1 月第 1 版
印　　次：2023 年 9 月第 2 次印刷
定　　价：48.80 元

凡所购买电子工业出版社图书有缺损问题，请向购买书店调换。若书店售缺，请与本社发行部联系，联系及邮购电话：（010）88254888，88258888。

质量投诉请发邮件至 zlts@phei.com.cn，盗版侵权举报请发邮件至 dbqq@phei.com.cn。

本书咨询联系方式：（010）88254604，lijing@phei.com.cn。

前　言

一、写作背景

教育部主办的全国职业院校技能大赛是高职院校每年都会举办的竞赛盛事，电子信息类大赛是整个大赛中的重要组成部分，也是赛项最多的专业大类。网络系统管理赛项主要考核学生对企业网络设备的配置与管理能力，融合了网络技术和职业素养。

二、本书目标

本书基于网络系统管理赛项的所有网络设备，介绍了竞赛中涉及的配置命令（**覆盖面超过 95%**），所有案例的设计源于竞赛且高于竞赛，都是基于锐捷公司实际的项目案例设计的，其目标是培养读者的实际操作能力和竞赛能力，编著者希望通过本书的教学能够帮助各兄弟院校在网络系统管理赛项中有所突破，取得优异的成绩。

三、内容组织

本书的内容介绍和案例的设计以培养实际操作能力为目标，要求读者已经掌握了一些基本的网络原理知识，这样能对配置命令的理解和案例的把握更加深入。全书分为三部分，第一部分为网络配置技术介绍，共 10 章，每章介绍较为简单的概念和实际操作配置命令，并设计了较为经典的案例，各章内容简要如下。

第 1 章　网络基础配置：主要介绍网络设备的基础配置，包括用户名、密码、接口等配置和网络设备管理配置，主要涉及远程登录 Telnet、SSH 等设备的管理方法，同时介绍了网络设备的系统升级及密码恢复方法。

第 2 章　路由技术：主要介绍网络层路由协议的配置及路由高级控制技术，包括静态路由，动态路由 RIP、OSPF、BGP，策略路由和路由重分布技术。

第 3 章　广域网协议及传输安全：主要介绍广域网链路层协议的封装，主要包括 PPP 协议及其认证方式 PAP 与 CHAP 的配置，以及 PPP 链路捆绑的配置，传输安全主要包括

VPN 的应用与配置。

第 4 章　以太网交换技术：主要介绍数据链路层和网络层链路聚合技术，包括 VLAN 与 Trunk 的配置、Private VLAN 的配置等。

第 5 章　交换机生成树与 VRRP：主要介绍多生成树协议 MSTP 的配置，以及经常和 MSTP 结合使用的虚拟路由冗余协议 VRRP 的配置与优化。

第 6 章　交换机高可靠性：主要介绍常用的可靠性技术 DLDP、RLDP 等的配置，以及锐捷公司自主研发的设备虚拟化技术 VSU 的配置与优化。

第 7 章　应用服务与安全技术：主要介绍应用服务与以太网的安全技术，包括 DHCP 配置、ACL 配置、网络地址转换 NAT 配置及端口安全、IP Source Guard、DAI 等安全技术配置。

第 8 章　QoS 技术：主要介绍网络服务质量模型及常用的设备 QoS 配置，如报文流分类和行为策略配置、流量监管与整形配置。

第 9 章　无线网络技术：主要介绍锐捷无线网络架构 AC+AP 模式的配置及无线优化与安全配置、胖 AP 模式的配置。

第 10 章　IPv6 技术：主要介绍 IPv6 地址的基本配置命令及 IPv6 VRRP 和 OSPFv3 路由协议等。

本书的第二部分为网络系统管理赛项真题剖析，选取了历年真题中的云计算融合网络部署部分，介绍了真题的需求分析、解题思路、解题步骤和详细的解题配置命令及要点。

本书的第三部分为企业工程案例实战，精心选取了两个典型案例及其解决方案，旨在让读者掌握实际工程的网络部署技能。

四、编写团队

本书的编写团队由院校、企业联合构成，包括苏州工业园区服务外包职业学院教学名师蒋建峰（全国职业院校技能大赛优秀指导教师、国赛一等奖指导老师），锐捷大学课程开发顾问、金牌讲师汪双顶，锐捷大学校长安淑梅等。计算机网络技术专业带头人蒋建峰具有副教授职称，出版过十余部著作，多次在教育部和教育厅主办的比赛中获得冠军，教学与实践经验丰富；锐捷大学汪双顶和安淑梅老师拥有多年在院系及厂商的工作背景，累计开展了近千场技能培训，撰写了二十多部网络专业人才培养专著。

五、受众定位

本书适用于希望学习网络设备配置和提高配置能力的读者，包括网络工程师、网络设计规划人员，**也可以作为中等职业院校和高等职业院校网络系统管理赛项的训练指导书**。

六、感言

本书从规划到出版得到了各个组织单位的大力支持，在此特别感谢网络系统管理赛项执委会、锐捷公司等各个单位的帮助。感谢锐捷大学校长安淑梅老师的大力支持，感谢锐捷大学教学总监、课程开发总监汪双顶老师的专业意见。

各位读者若对书中内容有疑惑之处，可发送邮件至编著者邮箱：alaneroson@126.com。

本书使用的图标

图　标	设　备	厂　商	型号参数
	路由器	锐捷	RG-RSR20-14E（LAB）
	数据中心交换机	锐捷	RG-S6000C-48GT4XS-E
	三层交换机	锐捷	RG-S5750-24GT4XS-L
	二层接入交换机	锐捷	RG-S2910-24GT4XS-E
	无线控制器	锐捷	RG-WS6008
	无线 AP	锐捷	RG-AP520
	台式计算机	任意	普通 PC
	笔记本电脑	任意	无线 PC

命令语法规范

本书命令语法遵循的规范与 IOS 命令手册使用的规范相同。IOS 命令手册对命令语法规范的描述如下。

- **粗体字**：表示命令关键字，在实际输入与输出时，可以由用户手动输入（如 **enable**）。
- **斜体字**：表示由用户输入的具体参数。
- **竖线**（|）：用于分割可选的命令。
- **方括号**（[]）：表示可选项。
- **大括号**（{}）：表示必选项。
- **方括号中的大括号**（[{}]）：表示必须在任意可选项中选择 1 项。

目 录

第二部分 网络系统管理赛项真题剖析

第三部分 企业工程案例实战

第一部分 网络配置技术介绍

在网络系统管理赛项中，网络配置技术部分是重要的比赛模块，该部分的技术涉及云计算融合网络部署、移动互联网络组建与优化、网络空间安全部署。该部分的内容主要考核学生对企业网络的拓扑规划能力、IP 地址规划能力、有线无线网络融合能力、IP 融合通信网络部署能力、数据中心搭建与实施能力、云计算融合网络的部署与维护能力、网络安全规划与实施能力、无线 Wi-Fi 网的应用配置、软件定义网络（SDN）在设备上的配置能力、出口规划与实施能力、设备配置与连接能力等。

第 **1** 章

网络基础配置

在网络系统管理赛项中，基础配置占有一定的比重，主要涉及设备用户名、接口、本地账号、远程登录等配置，以及设备系统升级、密码恢复等，其配置命令较为简单。

1.1 设备基础配置

锐捷网络设备管理界面分成若干不同的命令模式，用户当前所处的命令模式决定了可以使用的命令，锐捷的命令模式如表 1-1 所示。

表 1-1 锐捷的命令模式

配 置 模 式	描 述	提 示 符
用户模式（User EXEC）	使用该模式来进行基础测试、显示系统信息	Ruijie>
特权模式（Privileged EXEC）	使用该模式来验证配置命令的结果。该模式是具有口令保护的	Ruijie#
全局配置模式（Global Configuration）	使用该模式的命令来配置影响整个网络设备的全局参数	Ruijie(config)#
其他配置模式	进行其他的配置	Ruijie(config-mode)#

1.1.1 用户名配置

【配置命令解析】

```
Ruijie(config)# hostname name
//配置系统名称，名称必须由可打印字符组成，长度不能超过63个字节，可以使用no hostname来将系
统名称恢复默认值
```

1.1.2 接口配置

【配置命令解析】

```
Ruijie(config)# interface interface-type interface-number
//创建接口，进入指定的接口。目前接口的类型较多，主要有FastEthernet、Gigabitethernet、
Serial、Loopback等
Ruijie(config-if)# ip address ip-address subnet-mask
//配置接口的IP地址
Ruijie(config-if)# description interface-description
//配置接口描述
Ruijie(config-if)# bandwidth kilobits
//配置接口带宽值，需要注意单位
```

1.2 设备管理配置

锐捷设备的管理可以通过多种方式，如控制台、Telnet、SSH、AUX 等，其中 Telnet 和 SSH 是两种常用的远程管理方式。

1.2.1 远程登录 Telnet

Telnet 是通过虚拟连接在网络中建立远程设备的 CLI 会话的方法。利用 Telnet 建立远程会话需要事先在设备上配置远程登录线路，并且给设备的接口配置 IPv4 地址，这样用户能够从 Telnet 客户端输入命令远程连接设备。

【配置命令解析】

```
Ruijie(config)# line vty first-line [last-line]
//进入Line配置模式，VTY是远程登录
Ruijie(config-line)# transport input {all | ssh | telnet | none}
//配置相应线路下的通信协议，默认情况下是允许所有的协议的
Ruijie(config-line)# access-class {access-list-number | access-list-name}
{in | out}
//配置相应Line下的访问控制列表，可以精确控制设备的访问用户
Ruijie(config-line)# login local
//启用本地登录进程，这样登录的时候需要配置本地数据库的账号与密码
Ruijie(config)# username user-name password password
//配置本地用户信息
```

1.2.2 远程登录 SSH

安全外壳协议（SSH）提供与 Telnet 相同的远程登录功能，不同之处在于，在进行 Telnet

远程登录时，连接通信过程中的信息是不加密的，而 SSH 提供了更加严格的身份验证，采取了加密手段，这样可以使得用户 ID、密码等信息在传输过程中保持私密。

【配置命令解析】

```
Ruijie(config)# enable service ssh-server
//开启SSH Server
Ruijie(config)# crypto key generate {rsa|dsa}
//生成密钥，需要注意的是，在删除密钥时需要用到的命令是"crypto key zeroize"
Ruijie(config)# ip ssh version {1 | 2}
//配置SSH 支持的版本
```

1.3 基础配置案例解析

 【案例拓扑】

案例拓扑图如图 1-1 所示。

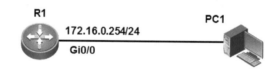

图 1-1 案例拓扑图

设备参数表如表 1-2 所示。

表 1-2 设备参数表

设 备	设备接口	IP 地 址	子 网 掩 码	默 认 网 关
R1	Gi0/0	172.16.0.254	255.255.255.0	N/A
PC1	NIC	172.16.0.100	255.255.255.0	172.16.0.1

 【任务需求】

某小型公司为了对其公司的网络设备进行管理，需要设定允许远程访问，并且要确保其安全性能，具体要求如下。

- 配置路由器名称为 R1。
- 路由器以太网接口 IP 地址为 172.16.0.254，子网掩码为 255.255.255.0。
- 接口描述为"Gateway_of_ PC1"。

- 配置 R1 路由器只允许 SSH 登录，开启 SSH 服务端功能，用户名和密码为 admin，密码为明文类型。

【任务实施】

```
Ruijie# configure terminal
//进入全局配置模式
Ruijie(config)# hostname R1
//配置网络设备名称为R1
R1(config)#
//名称已经修改
R1(config)# interface GigabitEthernet 0/0
//进入接口
R1(config-if)# description Gateway_of_PC1
//配置接口描述
R1(config-if)# ip address 172.16.0.254 255.255.255.0
//配置接口IP地址
R1(config)#line vty 0 4
//进入Line线路
R1(config-line)#login local
//启用本地登录进程
R1(config-line)#password admin
//配置登录密码为admin
R1(config-line)#transport input ssh
//允许通信协议SSH
R1(config)#username admin password admin
//配置本地用户名和密码
R1(config)#enable service ssh-server
//开启SSH服务
R1(config)# crypto key generate rsa
//生成密钥
% You already have RSA keys.
% Do you really want to replace them? [yes/no]:yes
Choose the size of the key modulus in the range of 360 to 2048 for your
Signature Keys. Choosing a key modulus greater than 512 may take
a few minutes.

How many bits in the modulus [512]:1024
//配置密钥长度为1024bit
% Generating 1024 bit RSA1 keys ...[ok]
% Generating 1024 bit RSA keys ...[ok]
R1(config)#ip ssh version 2
```

```
//配置SSH版本
R1(config)#
```

通过 SecureCRT 建立一个 SSH 连接，如图 1-2 所示。输入用户名和密码登录路由器，如图 1-3 所示。在验证用户名和密码后，登录到路由器，如图 1-4 所示。

图 1-2　建立 SSH 连接

图 1-3　输入用户名和密码

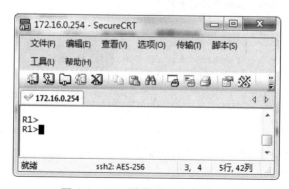

图 1-4　SSH 远程登录路由器配置界面

1.4 密码恢复

1.4.1 交换机密码恢复基础配置

【配置命令解析】

```
bootloader#main_config_password_clear   //输入清除密码命令
```

如果 10 分钟内没有任何按键输入,则超时后仍然需要密码。如果进入后没有修改密码,则设备下一次重启后也使用之前的密码。

1.4.2 交换机密码恢复案例解析

 【案例拓扑】

交换机密码恢复拓扑如图 1-5 所示。

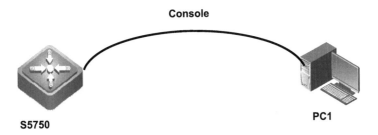

图 1-5 交换机密码恢复拓扑

 【任务需求】

接入交换机 S5750 进行密码恢复,并配置新的特权密码为 ruijie。

 【任务实施】

- 重启交换机,在出现 Press Ctrl+C to enter Ctrl …时,同时按下键盘的 Ctrl+C 键。

```
Press RETURN to get started
*Mar 14 14:51:42: %DP-3-RESET_DEV: Reset device 1 due to reload command.
Unlocking L2 Cache ...Done
arm_clk=1000MHz, axi_clk=400MHz, apb_clk=100MHz, arm_periph_clk=500MHz
SETMAC: Setmac operation was performed at 2016-12-19 20:33:00 (version: 11.0)
Press Ctrl+C to enter Boot Menu
Net:   eth-0
```

```
Entering simple UI...
====== BootLoader Menu("Ctrl+Z" to upper level) ======
   TOP menu items.
******************************************************
   0. Tftp utilities.
   1. XModem utilities.
   2. Run main.
   3. SetMac utilities.
   4. Scattered utilities.
   5. Set Module Serial
******************************************************
Press a key to run the command:
```

- 进入以上界面后按下 Ctrl+Q 键进入 Ctrl 层，设备提示符为 bootloader#。

```
bootloader#main_config_password_clear
Creating 1 MTD partitions on "nand0":
0x000001000000-0x000002e00000 : "mtd=6"
UBI: attaching mtd1 to ubi0
UBI: physical eraseblock size:131072 bytes (128 KiB)
UBI: logical eraseblock size:126976 bytes
UBI: smallest flash I/O unit:2048
.................................................
```

- 配置新的特权密码并保存配置。

```
Ruijie>enable
Ruijie#configure terminal
Enter configuration commands, one per line.  End with CNTL/Z.
Ruijie(config)#enable password ruijie
Ruijie(config)#end
*Mar 14 14:53:26: %SYS-5-CONFIG_I: Configured from console by console
Ruijie#write
Building configuration...
[OK]
```

1.4.3 路由器密码恢复基础配置

【配置命令解析】

```
BootLoader>rename config.text config.bak        //重命名配置文件
BootLoader>reload                               //重启设备
Ruijie#copy flash:/config.bak flash:/config.text    //恢复配置文件
Ruijie#copy startup-config running-config
```

路由器旧版本操作系统在拷贝配置文件的时候，命令必须为 **copy flash:/config.bak flash:/config.text**，**flash:**后面要加/，代表绝对路径；路由器最新版本操作系统 **flash:**后面可以不用加/。

1.4.4 路由器密码恢复案例解析

【案例拓扑】

路由器密码恢复拓扑如图 1-6 所示。

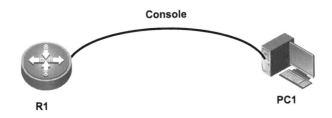

图 1-6　路由器密码恢复拓扑

【任务需求】

对路由器 R1 进行密码恢复，并配置新的特权密码为 ruijie。

【任务实施】

- 重启路由器，在出现 Press Ctrl+C to enter Ctrl …时，同时按下键盘的 Ctrl+C 键，即可进入 Ctrl 层的命令行模式，设备会出现 BootLoader>提示符。

```
System bootstrap ...
Boot Version: RGOS 10.4(3b34)p4 Release(208710)
Nor Flash ID: 0xC2490000, SIZE: 2097152Bytes
Using 500.000 MHz high precision timer.
MTD_DRIVER-5-MTD_NAND_FOUND: 1 NAND chips(chip size : 134217728) detected
Press Ctrl+C to enter Boot .
Hot Commands:
-------------------------------------------------------------
-------------------------------------------------------------
BootLoader>
BootLoader>rename config.text config.bak
BootLoader>reload
SYS-5-RESTART: The device is restarting. Reason: Restart the whole system!.
```

- 恢复配置文件。

```
Ruijie>enable
Ruijie#copy flash:/config.bak flash:/config.text
Ruijie#copy startup-config running-config
EF-RNFP: delete acpp rule failed
*Mar 14 14:28:17: %SYS-5-CONFIG_I: Configured from console by console
*Mar 14 14:28:17: %SYS-5-CONFIG_I: Configured from console by console
```

- 配置新密码并保存设备配置。

```
Ruijie#enable
Ruijie#configure terminal
Enter configuration commands, one per line.  End with CNTL/Z.
Ruijie(config)#enable password ruijie
Ruijie(config)#end
Ruijie#*Mar 14 14:28:41: %SYS-5-CONFIG_I: Configured from console by console
Ruijie#write
Building configuration...
Write to boot config file: [/config.text]
[OK]
```

1.5 版本升级

1.5.1 交换机版本升级基础配置

【配置命令解析】

```
Ruijie#upgrade download tftp://tftp服务器IP地址/镜像文件名称.bin
```

1.5.2 交换机版本升级案例解析

【案例拓扑】

交换机版本升级拓扑如图 1-7 所示。

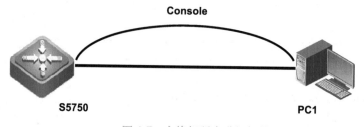

图 1-7　交换机版本升级拓扑

设备参数表如表 1-3 所示。

表 1-3 设备参数表

设 备	设备接口	IP 地 址	子网掩码	默认网关
S5750	Gi0/1	192.168.110.1	255.255.255.0	N/A
PC1	NIC	192.168.110.2	255.255.255.0	N/A

【任务需求】

接入交换机 S5750 进行版本更新，更新版本至 RGOS11.4(1)B12。

【任务实施】

- 将 PC 与交换机互联的 IP 地址配置完之后打开 PC 上的 TFTP 服务器，配置正确版本镜像路径，如图 1-8 所示。

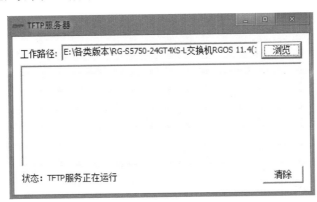

图 1-8 TFTP 服务器打开页面

- 测试互通性。

```
Ruijie#ping 192.168.110.2
Sending 5, 100-byte ICMP Echoes to 192.168.110.2, timeout is 2 seconds:
 < press Ctrl+C to break >
!!!!!
Success rate is 100 percent (5/5), round-trip min/avg/max = 1/5/18 ms.
```

- 在交换机上输入版本更新的命令行。

```
Ruijie#upgrade download tftp://192.168.110.2/S5700L_RGOS11.4(1)B12P11_install.bin
%%UPGRADE_COMMAND: Upgrade the device must be auto-reset after finish, are you
sure upgrading now?[Y/N]y
```

11

```
%UPGRADE_COMMAND: Copy to /tmp/vsd/0/package/
Please wait for a moment......
Press Ctrl+C to quit
!!!!!!!!!!!!!!!!!!!!!!!!!!!!!!!!!!!!!!!!!!!!!!!!!!!!!!!!!!!!!!!!!!!!!!!!!!!!!!!!!!!!!
!!!!!!!!!!!!!!!!!!!!!!!!!!!!!!!!!!!!!!!!!!!!!!!
%UPGRADE_COMMAND: Begin to upgrade the install package
S5700L_RGOS11.4(1)B12P11_install.bin...
Ruijie#*Mar 14 15:30:25: %7:
*Mar 14 15:30:26: %7: [Slot 0]:Upgrade processing is 10%
*Mar 14 15:30:30: %7: [Slot 0]:Upgrade processing is 20%
*Mar 14 15:30:31: %7: [Slot 0]:Upgrade processing is 30%
*Mar 14 15:30:31: %7: [Slot 0]:Upgrade processing is 40%
*Mar 14 15:30:31: %7: [Slot 0]:Upgrade processing is 50%
*Mar 14 15:30:32: %7: [Slot 0]:Upgrade processing is 60%
*Mar 14 15:30:32: %7: [Slot 0]:Upgrade processing is 70%
Terminated
Upgrade info [OK]
        Boot version[1.2.13.f2be478->1.2.25.7469056]
        Kernel version[3.10.18.9bfbad62d29d16->3.10.18.1dd134fd4e092b]
.......................................................
Upgrading boot ...
Erasing at 0x2c0000 -- 100% complete.
OK
SUCCESS: UPGRADING UBOOT OK.
Erasing Nand...
Erasing at 0x4e0000 -- 100% complete.
Writing to Nand... done
Erasing at 0x2de0000 -- 100% complete.
OK
Erasing at 0xf5e0000 -- 100% complete.
OK
.......................................................
Unmounting UBIFS volume kernel!
  Uncompressing Kernel Image ... OK
  Loading Device Tree to 823fc000, end 823ff593 ... OK
Starting kernel ...
```

- 查看版本信息。

```
Ruijie#show version
System description: Ruijie 10G Routing Switch(S5750-24GT4XS-L) By Ruijie
Networks
System start time: 2019-03-14 15:33:08
```

```
System uptime: 0:00:05:26
System hardware version: 1.12
System software version: S5750_RGOS 11.4(1)B12P11
System patch number: NA
System serial number: G1KDCR0001251
System boot version: 1.2.25
Module information:
  Slot 0 : S5750-24GT4XS-L
    Hardware version: 1.12
    Boot version: 1.2
    Software version: S5750_RGOS 11.4(1)B12P11
    Serial   number: G1KDCR0001251
```

1.5.3　AP 版本升级案例解析

【案例拓扑】

AP 版本升级拓扑如图 1-9 所示。

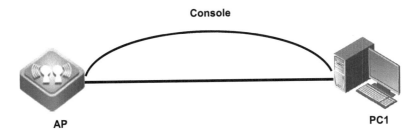

图 1-9　AP 版本升级拓扑

设备参数表如表 1-4 所示。

表 1-4　设备参数表

设　　备	设备接口	IP 地　址	子 网 掩 码	默 认 网 关
AP	Gi0/1	192.168.110.1	255.255.255.0	N/A
PC1	NIC	192.168.110.2	255.255.255.0	N/A

【任务需求】

对 AP 进行版本更新，更新版本至 RGOS11.1(5)B9P11。

13

【任务实施】

- 使用 Console 线连接 AP，使用 show ap-mode 查看 AP 的模式是否为胖模式。若不是，则使用以下命令将 AP 模式切换为胖模式。

```
BX-AP520-01#ap-mode fat
apmode will change to FAT.
```

- 当 AP 切换为胖模式后，其以太网默认 IP 地址为 192.168.110.1/24。

```
Ruijie#show ip interface brief
Interface           IP-Address(Pri)    IP-Address(Sec)    Status    Protocol
GigabitEthernet 0/1 192.168.110.1/24   no address         up        up
BVI 1               192.168.111.1/24   no address         down      down
```

- 按照要求配置 PC 的 IP 地址后测试互通性。

```
Ruijie#ping 192.168.110.2
Sending 5, 100-byte ICMP Echoes to 192.168.110.2, timeout is 2 seconds:
 < press Ctrl+C to break >
!!!!!
Success rate is 100 percent (5/5), round-trip min/avg/max = 1/7/32 ms.
```

- 打开 PC 上的浏览器，网址输入 192.168.110.1，账号和密码均为 admin，如图 1-10 所示。

图 1-10　AP 登录页面

- 选择"系统"→"系统升级"→"本地升级"选项，选择正确的 AP 版本镜像路径，单击"开始升级"按钮，如图 1-11 所示。AP 版本升级后提示页面如图 1-12 所示，AP 版本升级成功页面如图 1-13 所示。

图 1-11　AP 版本更新页面

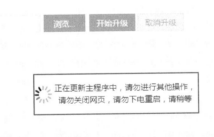

图 1-12　AP 版本升级后提示页面

图 1-13　AP 版本升级成功页面

● 查看版本信息。

```
Ruijie#show version
System description: Ruijie indoor AP520(W2) (802.11a/n/ac and 802.11b/g/n) By
Ruijie Networks
System start time: 1969-12-31 23:59:59
System uptime: 0:00:08:10
System hardware version: 1.01
System software version: AP_RGOS 11.1(5)B9P11, Release(05151211)
System patch number: NA
System serial number: G1LQ3JR112768
System boot version: 2.0.16
```

第 **2** 章
路由技术

　　路由器是工作在网络层的网络互联设备，其主要的作用是在 Internet 中转发数据包。路由器根据数据包中的目的 IP 地址，查看路由表并决定一条最佳路径转发数据。路由表是路由器工作的核心，存储在路由器 RAM 中。路由表的形成主要通过两种方式：静态设定与动态生成。本章主要介绍路由器和三层交换机配置路由的方法。

扫一扫，
看微课

2-1　静态路由

2.1　静态路由

　　静态路由就是手动配置的路由，其使数据包能够按照预定的路径传送到指定的目标网络。当不能通过动态路由协议学到一些目标网络的路由时，配置静态路由就显得十分重要。通常可以给没有确切路由的数据包配置静态路由。

2.1.1　静态路由基础配置

【配置命令解析】

```
Ruijie(config)# ip route network-address subnet-mask {ip-address |
interface-type interface-number [ip-address]} [distance]
```

静态路由配置参数说明如下。

- **network-address**：远程网络的目的网络地址。
- **subnet-mask**：对应网络的子网掩码。
- **ip-address**：相连路由器将数据包转发到远程网络所使用的下一跳 IP 地址。
- **exit-interface**：转发数据的发送接口，又称送出接口。
- **distance**：管理距离，配置浮动静态路由时需要改大路由的管理距离以达到备份的目的。

2.1.2 默认静态路由配置

默认静态路由是能够与所有数据包匹配的路由。在没有获取具体路由的情况下，路由器会根据默认静态路由转发数据包。一般情况下，会在网络的边界（一般指连接到 ISP 的边界路由器），又叫作末节网络（Stub Network），配置默认静态路由。

【配置命令解析】

```
Ruijie(config)# ip route 0.0.0.0 0.0.0.0 {ip-address | interface-type
interface-number [ip-address]} [distance]
```

在默认静态路由配置命令中，网络地址与子网掩码都是"**0.0.0.0**"。

2.1.3 静态路由案例解析

【案例拓扑】

案例拓扑图如图 2-1 所示。

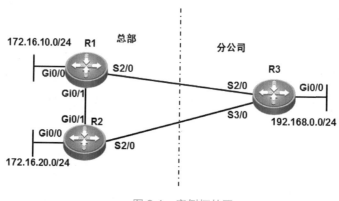

图 2-1　案例拓扑图

设备参数表如表 2-1 所示。

表 2-1　设备参数表

设　　备	设备接口	IP　地　址	子网掩码	说　　明
R1	Gi0/0	172.16.10.254	255.255.255.0	
	Gi0/1	10.1.2.1	255.255.255.252	
	S2/0	10.1.3.1	255.255.255.252	
R2	Gi0/0	172.16.20.254	255.255.255.0	
	Gi0/1	10.1.2.2	255.255.255.252	
	S2/0	10.2.3.1	255.255.255.252	

设 备	设备接口	IP 地址	子网掩码	说 明
R3	Gi0/0	192.168.0.254	255.255.255.0	
	S2/0	10.1.3.2	255.255.255.0	
	S3/0	10.2.3.2	255.255.255.0	

【任务需求】

某集团为了扩展其业务需求，在异地建立了分公司，总部和分公司通过 RSR20 路由器相连，并且要求配置静态路由使得总部与分公司互通，具体要求如下。

- 完成设备的基础配置，主要是各个接口的 IP 地址。
- 全网使用静态路由，使得总部与分公司实现互通。
- 为了保证网络的可靠性，分公司采用浮动静态路由，主静态路由优先级为 10，备份静态路由优先级为 100。

注意：此案例暂不考虑总部出口的路径问题，一般此类情况会有外部 VPN 网络作为总部与分公司的备份路径。

【任务实施】

1. 接口配置

- R1 的接口配置。

```
R1(config)#interface gigabitEthernet 0/0
R1(config-if-GigabitEthernet 0/0)#ip address 172.16.10.254 255.255.255.0
R1(config)#interface gigabitEthernet 0/1
R1(config-if-GigabitEthernet 0/1)#ip address 10.1.2.1 255.255.255.252
R1(config)#interface serial 2/0
R1(config-if-Serial 2/0)#ip address 10.1.3.1 255.255.255.252
```

- R2 的接口配置。

```
R2(config)#interface gigabitEthernet 0/0
R2(config-if-GigabitEthernet 0/0)#ip address 172.16.20.254 255.255.255.0
R2(config)#interface gigabitEthernet 0/1
R2(config-if-GigabitEthernet 0/1)#ip address 10.1.2.2 255.255.255.252
R2(config)#interface serial 2/0
R2(config-if-Serial 2/0)#ip address 10.2.3.1 255.255.255.252
```

- R3 的接口配置。

```
R3(config)#interface gigabitEthernet 0/0
```

```
R3(config-if-GigabitEthernet 0/0)#ip address 192.168.0.254 255.255.255.0
R3(config)#interface serial 2/0
R3(config-if-Serial 2/0)#ip address 10.1.3.2 255.255.255.252
R3(config)#interface serial 3/0
R3(config-if-Serial 3/0)#ip address 10.2.3.2 255.255.255.252
```

2. 静态路由配置

- R1 配置静态路由。

```
R1(config)#ip route 192.168.0.0 255.255.255.0 10.1.3.2 10
//配置主路由，此路由为主路径
R1(config)#ip route 192.168.0.0 255.255.255.0 10.1.2.2 100
//配置浮动静态路由，当主路由失效时，浮动静态路由会装入路由表
R1(config)#ip route 172.16.20.0 255.255.255.0 10.1.2.2 10
```

- R2 配置静态路由。

```
R2(config)#ip route 192.168.0.0 255.255.255.0 10.2.3.2 10
R2(config)#ip route 192.168.0.0 255.255.255.0 10.1.2.1 100
R2(config)#ip route 172.16.10.0 255.255.255.0 10.1.2.1 10
```

- R3 配置静态路由。

```
R3(config)#ip route 172.16.10.0 255.255.255.0 10.1.3.1 10
R3(config)#ip route 172.16.10.0 255.255.255.0 10.2.3.1 100
R3(config)#ip route 172.16.20.0 255.255.255.0 10.2.3.1 10
R3(config)#ip route 172.16.20.0 255.255.255.0 10.1.3.1 100
```

3. 实验调试

1）查看路由表

- R1 路由表静态路由。

```
R1#show ip route static
S    172.16.20.0/24 [10/0] via 10.1.2.2
S    192.168.0.0/24 [10/0] via 10.1.3.2
```

- R2 路由表静态路由。

```
R2#show ip route static
S    172.16.10.0/24 [10/0] via 10.1.2.1
S    192.168.0.0/24 [10/0] via 10.2.3.2
```

- R3 路由表静态路由。

```
R3#show ip route static
S    172.16.10.0/24 [10/0] via 10.1.3.1
S    172.16.20.0/24 [10/0] via 10.2.3.1
```

2）路由追踪

```
R3#traceroute 172.16.10.254 source 192.168.0.254
 < press Ctrl+C to break >
Tracing the route to 172.16.10.254

 1    172.16.10.254 60 msec 50 msec 50 msec
R3#
```

以上输出结果显示了分公司局域网到总部局域网的路径信息。下面把分公司与总部路由器 R1 的链路断开再进行测试。

```
R3(config)#interface serial 2/0
R3(config-if-Serial 2/0)#shutdown

R1#show ip route static
S    172.16.20.0/24 [10/0] via 10.1.2.2
S    192.168.0.0/24 [100/0] via 10.1.2.2

R3#show ip route static
S    172.16.10.0/24 [100/0] via 10.2.3.1
S    172.16.20.0/24 [10/0] via 10.2.3.1
```

路由表信息显示，当链路断开后，浮动静态路由装入路由表，管理距离是 100。

```
R3#traceroute 172.16.10.254 source 192.168.0.254
 < press Ctrl+C to break >
Tracing the route to 172.16.10.254

 1    10.2.3.1 40 msec 50 msec 50 msec
 2    172.16.10.254 60 msec 50 msec 60 msec
R3#
```

以上输出结果显示了链路断开后备份链路的路径情况，测试证明浮动静态路由达到了备份的效果。

2.2 RIP 路由协议

扫一扫，
看微课

2-2 RIP 路由协议
工作原理

路由信息协议（Routing Information Protocol，RIP）是应用最早的内部网关协议（Interior Gateway Protocol，IGP），适合于小型的网络，是典型的距离矢量（Distance-Vector）路由协议。目前 RIP 有 RIPv1 和 RIPv2 两个版本，RIPv1 是有类路由协议，RIPv2 是无类路由协议。本节只介绍 RIPv2。

RIPv2 使用 UDP 报文交换路由信息，UDP 接口号为 520，RIPv2 以组播的方式发送路由信息，组播地址为 224.0.0.9，每 30s 发送一次路由更新信息，最多支持 15 跳，跳数 16 表示不可达，失效时间为 180s，清除时间为 120s。

2.2.1 RIP 路由基础配置

扫一扫，
看微课

2-3 RIP 协议配置命令

【配置命令解析】

```
Ruijie(config)# router rip
//启用RIP路由协议
Ruijie (config-router) # network network-address wildcard-mask
```

网络通告配置参数说明如下。

- **network-address**：通告关联的网络地址。
- **wildcard-mask**：当指定具体网络时，配置反向子网掩码，如果没有反向子网掩码，则路由器会通告该有类地址范围内的所有接口的地址网络。

```
Ruijie(config-router)# version {1 | 2}
//指定RIP的版本
Ruijie(config-router)# no auto-summary
//关闭路由自动汇总
Ruijie(config-router)# passive-interface {default | interface-type interface-num}
//指定被动接口。被动接口不会发送RIP更新报文，对接收到的RIP更新报文不会进行响应，如果是default，则将所有的接口都配置为被动接口
Ruijie (config-router)# default-information originate [always]
//配置默认路由。一般情况下，在边缘设备配置了默认路由后才能在路由信息更新时把信息传播出去。always表示无论本地是否存在默认路由，都会引入一条默认路由
```

2.2.2 RIP 优化配置

【配置命令解析】

```
Ruijie(conf-router)# neighbor ip-address
//配置RIP单播更新。此命令在不需要组播的特定情况下使用
Ruijie(config-if)# ip rip split-horizon
//开启水平分割。默认情况下接口已经开启，此命令的功能是防止环使用。在NBMA的网络上，水平分割可能会导致路由信息学习不全的情况，因此需要关闭
Ruijie(config-if)# ip rip triggered
//开启RIP触发更新
Ruijie(config-if)# ip rip authentication mode {text | md5}
//启用RIP接口认证配置，有明文认证和md5认证两种方式
Ruijie(config-if)# ip rip authentication text-password [0|7] password-string
//配置明文认证的密码字符串
Ruijie(config-if)# ip rip authentication key-chain key-chain-name
```

```
//使用密钥串进行认证
Ruijie(config)# key chain key-chain-name
//配置密钥串
Ruijie(config-keychain)# key key-id
//配置key ID
Ruijie(config-keychain-key)# key-string [0|7] text
//配置认证串
```

2.2.3 RIP 路由案例解析

 【案例拓扑】

案例拓扑图如图 2-2 所示。

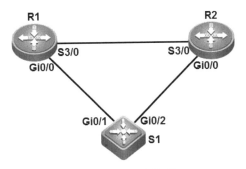

图 2-2　案例拓扑图

设备参数表如表 2-2 所示。

表 2-2　设备参数表

设　备	设备接口	IP　地　址	子网掩码	说　明
R1	Gi0/0	10.1.0.1	255.255.255.252	
	S3/0	10.0.0.1	255.255.255.252	
	Loopback	10.10.10.10	255.255.255.255	
R2	Gi0/0	10.2.0.1	255.255.255.252	
	S3/0	10.0.0.2	255.255.255.252	
	Loopback	20.20.20.20	255.255.255.255	
S1	Gi0/1	10.1.0.2	255.255.255.252	
	Gi0/2	10.2.0.2	255.255.255.252	
	Loopback	30.30.30.30	255.255.255.255	
	VLAN10	172.16.10.254	255.255.255.0	RF
	VLAN20	172.16.20.254	255.255.255.0	Sales
	VLAN30	172.16.30.254	255.255.255.0	Supply
	VLAN40	172.16.40.254	255.255.255.0	Service

某小型公司办公网络规模比较小，需要任意两个节点之间能够网络层互通，边界由两台 RSR20 路由器组成双节点出口模式，利用一台 S5750 交换机作为接入设备，网络具体需求如下。

- 需要设备自动适应网络拓扑变化，降低人工维护工作量，R1、R2、S1 间使用动态路由协议 RIP，版本号为 2，取消自动聚合。
- 要求业务网段中不出现协议报文。
- 要求所有路由协议都发布具体网段。
- 为了管理方便，需要发布 Loopback 地址。
- R1 路由器作为边缘设备，连接 Internet，要求在路由更新信息中发布默认路由。

【任务实施】

1. 基础配置

- S1 的基础配置。

```
S1(config)#vlan 10
//创建VLAN10
S1(config-vlan)#name RF
//VLAN10的命名
S1(config)#vlan 20
S1(config-vlan)#name Sales
S1(config)#vlan 30
S1(config-vlan)#name Supply
S1(config)#vlan 40
S1(config-vlan)#name Service
S1(config)#interface gigabitEthernet 0/1
S1(config-if-GigabitEthernet 0/1)#no switchport
//把交换机的0/1号接口配置成三层接口
S1(config-if-GigabitEthernet 0/1)#ip address 10.1.0.2 255.255.255.252
S1(config)#interface gigabitEthernet 0/2
S1(config-if-GigabitEthernet 0/2)#no switchport
S1(config-if-GigabitEthernet 0/2)#ip address 10.2.0.2 255.255.255.252
S1(config)#interface loopback 0
S1(config-if-Loopback 0)#ip address 30.30.30.30 255.255.255.255
S1(config)#interface vlan 10
//配置SVI接口
S1(config-if-VLAN 10)#ip add 172.16.10.254 255.255.255.0
```

```
S1(config)#interface vlan 20
S1(config-if-VLAN 20)#ip add 172.16.20.254 255.255.255.0
S1(config)#interface vlan 30
S1(config-if-VLAN 30)#ip add 172.16.30.254 255.255.255.0
S1(config)#interface vlan 40
S1(config-if-VLAN 40)#ip add 172.16.40.254 255.255.255.0
```

路由器 R1 与 R2 的基础配置类似，略。

2. 配置路由协议 RIP

- R1 配置 RIP。

```
R1(config)#router rip
//启用RIP路由协议
R1(config-router)#version 2
//定义RIP版本号为2
R1(config-router)#no auto-summary
//禁止自动汇总
R1(config-router)#network 10.1.0.0 0.0.0.3
//通告具体子网，包括网络地址和通配符掩码
R1(config-router)#network 10.0.0.0 0.0.0.3
R1(config-router)#network 10.10.10.10 0.0.0.0
R1(config-router)#default-information originate always
//传播默认路由
```

- R2 配置 RIP。

```
R2(config)#router rip
R2(config-router)#version 2
R2(config-router)#no auto-summary
R2(config-router)#network 10.2.0.0 0.0.0.3
R2(config-router)#network 10.0.0.0 0.0.0.3
R2(config-router)#network 20.20.20.20 0.0.0.0
```

- S1 配置 RIP。

```
S1(config)#router rip
S1(config-router)#version 2
S1(config-router)#no auto-summary
S1(config-router)#network 10.1.0.0 0.0.0.3
S1(config-router)#network 10.2.0.0 0.0.0.3
S1(config-router)#network 30.30.30.30 0.0.0.0
S1(config-router)#network 172.16.10.0 0.0.0.255
S1(config-router)#network 172.16.20.0 0.0.0.255
S1(config-router)#network 172.16.30.0 0.0.0.255
```

```
S1(config-router)#network 172.16.40.0 0.0.0.255
S1(config-router)#passive-interface vlan 10
//配置被动接口，禁止路由信息传播到局域网
S1(config-router)#passive-interface vlan 20
S1(config-router)#passive-interface vlan 30
S1(config-router)#passive-interface vlan 40
```

3. 验证路由协议

- R1 的 RIP 路由表。

```
R1#show ip route rip
R    10.2.0.0/30 [120/1] via 10.0.0.2, 00:35:03, Serial 3/0
                 [120/1] via 10.1.0.2, 00:07:10, GigabitEthernet 0/0
R    20.20.20.20/32 [120/1] via 10.0.0.2, 00:35:03, Serial 3/0
R    30.30.30.30/32 [120/1] via 10.1.0.2, 00:07:10, GigabitEthernet 0/0
R    172.16.10.0/24 [120/1] via 10.1.0.2, 00:07:10, GigabitEthernet 0/0
R    172.16.20.0/24 [120/1] via 10.1.0.2, 00:07:10, GigabitEthernet 0/0
R    172.16.30.0/24 [120/1] via 10.1.0.2, 00:07:10, GigabitEthernet 0/0
R    172.16.40.0/24 [120/1] via 10.1.0.2, 00:07:10, GigabitEthernet 0/0
```

- R2 的 RIP 路由表。

```
R2#show ip route rip
R*   0.0.0.0/0 [120/1] via 10.0.0.1, 00:00:07, Serial 3/0
R    10.1.0.0/30 [120/1] via 10.0.0.1, 00:37:26, Serial 3/0
                 [120/1] via 10.2.0.2, 00:09:30, GigabitEthernet 0/0
R    10.10.10.10/32 [120/1] via 10.0.0.1, 00:37:26, Serial 3/0
R    30.30.30.30/32 [120/1] via 10.2.0.2, 00:09:30, GigabitEthernet 0/0
R    172.16.10.0/24 [120/1] via 10.2.0.2, 00:09:30, GigabitEthernet 0/0
R    172.16.20.0/24 [120/1] via 10.2.0.2, 00:09:30, GigabitEthernet 0/0
R    172.16.30.0/24 [120/1] via 10.2.0.2, 00:09:30, GigabitEthernet 0/0
R    172.16.40.0/24 [120/1] via 10.2.0.2, 00:09:30, GigabitEthernet 0/0
```

- S1 的 RIP 路由表。

```
S1#show ip route rip
R*   0.0.0.0/0 [120/1] via 10.1.0.1, 00:00:38, GigabitEthernet 0/1
R    10.0.0.0/30 [120/1] via 10.2.0.1, 00:18:08, GigabitEthernet 0/2
R    10.10.10.10/32 [120/1] via 10.1.0.1, 00:18:08, GigabitEthernet 0/1
R    20.20.20.20/32 [120/1] via 10.2.0.1, 00:18:08, GigabitEthernet 0/2
```

2.3 OSPF 路由协议

开放最短路径优先（Open Shortest Path First，OSPF）是一种内部网关协议，用于在单

26

一自治系统内决策路由。OSPF 是典型的链路状态路由协议，相对于距离矢量路由协议，它的性能更加优越，应用更加广泛。

OSPF 通过发送和接收 Hello 包来建立和维持邻居关系，并交换路由信息，采用组播方式（224.0.0.5 或 224.0.0.6）传输协议数据包。OSPF 的优先级为 110，收敛速度快，无路由环路，支持简单明文认证和 md5 认证，支持 VLSM 和 CIDR，支持不连续子网，支持区域划分，能够形成层次型网络，提供路由分层管理，支持等价负载均衡。

2.3.1 OSPF 路由基础配置

【配置命令解析】

```
Ruijie (config)# router ospf process_id
//启用OSPF路由协议，进程号为1~65535，只具有本地意义
Ruijie (config-router)# network network-address wildcard-mask area area-id
```

网络通告配置参数如下。

- **network-address**：通告关联的网络地址。
- **wildcard-mask**：当指定具体网络时，必须配置对应的反向子网掩码。
- **area-id**：区域号，OSPF 是基于区域的路由协议，0 代表骨干区域。

```
Ruijie(config-router)# passive-interface {default | interface-type
interface-num}
//指定被动接口
Ruijie (config-router)# default-information originate [always]
//配置默认路由
Ruijie(config-router)# distance {distance | ospf { intra-area distance |
inter-area distance | external distance }}
//更改OSPF的管理距离
```

2.3.2 OSPF 优化配置

【配置命令解析】

1. 基于接口的优化

```
Ruijie(config-if)# ip ospf network {broadcast | point-to-point}
//配置OSPF网络类型，这里只给出了两种常见的类型：广播和点对点
Ruijie(config-if)# ip ospf priority priority
//指定接口的优先级，优先级用于广播网络DR/BDR的选举
Ruijie(config-if)# ip ospf cost cost-value
//配置接口的开销，用于修改路由表中的度量参数以供选路使用
Ruijie(config-if)# ip ospf hello-interval seconds
```

```
//配置OSPF的Hello包时间间隔，对于整个网络的所有设备，该参数必须保持一致
Ruijie(config-if)# ip ospf authentication [message-digest | null]
//配置接口的认证方式
Ruijie(config-if)# ip ospf authentication-key [0|7] key
//配置接口使用明文认证的密码
Ruijie(config-if)# ip ospf message-digest-key keyid md5 [0|7] key
//配置接口使用md5认证的密码
```

2. 基于区域的优化

```
Ruijie (config-router)#area area-id authentication
//配置区域认证为明文认证
Ruijie (config-router)#area area-id authentication message-digest
//配置区域认证为md5认证
Ruijie (config-router)#area area-id stub [no-summary]
//配置区域为残域，即阻止外部LSA进入stub区域；no-summary将区域配置为全残域，即阻止汇总LSA
进入stub区域
Ruijie (config-router)# area area-id nssa [no-summary]
//配置区域为NSSA区域，即允许类型7的LSA进入该区域，之后由NSSA区域的ABR将LSA转换成类型5的
LSA泛红到整个AS区域
Ruijie (config-router)# area area-id virtual-link router-id
//创建虚链路
```

2.3.3 OSPF 路由案例解析

 【案例拓扑】

扫一扫，看微课	扫一扫，看微课
2-4 单区域 OSPF	2-5 多区域 OSPF

扫一扫，看微课
2-6 OSPF 协议配置

案例拓扑图如图 2-3 所示。

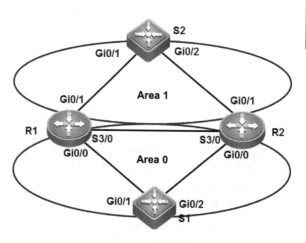

图 2-3 案例拓扑图

设备参数表如表 2-3 所示。

表 2-3　设备参数表

设　　备	设 备 接 口	IP　地　址	子 网 掩 码	说　　明
R1	Gi0/0	10.1.0.1	255.255.255.252	
	Gi0/1	10.3.0.1	255.255.255.252	
	S3/0	10.0.0.1	255.255.255.252	
	Loopback	10.10.10.10	255.255.255.255	
R2	Gi0/0	10.2.0.1	255.255.255.252	
	Gi0/1	10.4.0.1	255.255.255.252	
	S3/0	10.0.0.2	255.255.255.252	
	Loopback	20.20.20.20	255.255.255.255	
S1	Gi0/1	10.1.0.2	255.255.255.252	
	Gi0/2	10.2.0.2	255.255.255.252	
	Loopback	30.30.30.30	255.255.255.255	
	VLAN10	172.16.10.254	255.255.255.0	RF
	VLAN20	172.16.20.254	255.255.255.0	Sales
	VLAN30	172.16.30.254	255.255.255.0	Supply
	VLAN40	172.16.40.254	255.255.255.0	Service
S2	Gi0/1	10.3.0.2	255.255.255.252	
	Gi0/2	10.4.0.2	255.255.255.252	
	VLAN100	192.168.0.254	255.255.255.0	Manage

 【任务需求】

如图 2-3 所示，某公司内部整个自治域被划分为两个区域：区域 0 和区域 1，各设备均运行 OSPF 协议，R1 和 R2 路由器为 ABR，S1 和 S2 为区域内部设备，设备配置要求如下。

- OSPF 进程号为 10，规划多区域区域 0（S1、R1、R2）、区域 1（S2、R1、R2）。
- R1、R2 互联链路规划入区域 0。
- 要求业务网段中不出现协议报文。
- 要求所有路由协议都发布具体网段。
- 为了管理方便，需要发布 Loopback 地址。
- 优化 OSPF 相关配置，以尽量加快 OSPF 收敛。

1. OSPF 路由协议配置

- R1 的 OSPF 协议。

```
R1(config)#router ospf 10
//启用OSPF路由协议，进程号为10
R1(config-router)#network 10.1.0.1 0.0.0.0 area 0
//通告具体网络，所在区域为区域0
R1(config-router)#network 10.3.0.1 0.0.0.0 area 1
//通告具体网络，所在区域为区域1
R1(config-router)#network 10.10.10.10 0.0.0.0 area 0
R1(config-router)#network 10.0.0.1 0.0.0.0 area 0
```

- R2 的 OSPF 协议。

```
R2(config)#router ospf 10
R2(config-router)#network 10.2.0.1 0.0.0.0 area 0
R2(config-router)#network 10.4.0.1 0.0.0.0 area 1
R2(config-router)#network 20.20.20.20 0.0.0.0 area 0
R2(config-router)#network 10.0.0.2 0.0.0.0 area 0
```

- S1 的 OSPF 协议。

```
S1(config)#router ospf 10
S1(config-router)#network 10.1.0.2 0.0.0.0 area 0
S1(config-router)#network 10.2.0.2 0.0.0.0 area 0
S1(config-router)#network 30.30.30.30 0.0.0.0 area 0
S1(config-router)#network 172.16.10.254 0.0.0.0 area 0
S1(config-router)#network 172.16.20.254 0.0.0.0 area 0
S1(config-router)#network 172.16.30.254 0.0.0.0 area 0
S1(config-router)#network 172.16.40.254 0.0.0.0 area 0
S1(config-router)#passive-interface vlan 10
//配置被动接口，使得业务网段中不出现协议报文
S1(config-router)#passive-interface vlan 20
S1(config-router)#passive-interface vlan 30
S1(config-router)#passive-interface vlan 40
```

- S2 的 OSPF 协议。

```
S2(config)#router ospf 10
S2(config-router)#network 10.3.0.2 0.0.0.0 area 1
S2(config-router)#network 10.4.0.2 0.0.0.0 area 1
```

```
S2(config-router)#network 192.168.0.254 0.0.0.0 area 1
S2(config-router)#passive-interface vlan 100
```

2. 查看 OSPF 邻居

- R1 的 OSPF 邻居。

```
R1#show ip ospf neighbor

OSPF process 10, 3 Neighbors, 3 is Full:
Neighbor ID    Pri  State BFD State  Dead Time   Address    Interface
20.20.20.20    1    Full/ -          -   00:00:35  10.0.0.2   Serial 3/0
30.30.30.30    1    Full/BDR         -   00:00:32  10.1.0.2   GigabitEthernet 0/0
192.168.0.254 1    Full/BDR         -   00:00:36  10.3.0.2   GigabitEthernet 0/1
```

- R2 的 OSPF 邻居。

```
R2#show ip ospf neighbor

OSPF process 10, 3 Neighbors, 3 is Full:
Neighbor ID    Pri  State BFD State  Dead Time    Address    Interface
10.10.10.10    1    Full/ -          -   00:00:36   10.0.0.1   Serial 3/0
30.30.30.30    1    Full/BDR         -   00:00:30   10.2.0.2   GigabitEthernet 0/0
192.168.0.254 1    Full/BDR         -   00:00:34   10.4.0.2   GigabitEthernet 0/1
```

- S1 的 OSPF 邻居。

```
S1#show ip ospf neighbor

OSPF process 10, 2 Neighbors, 2 is Full:
Neighbor ID    Pri   State     Dead Time    Address      Interface
10.10.10.10    1     Full/DR   00:00:39   10.1.0.1     GigabitEthernet 0/1
20.20.20.20    1     Full/DR   00:00:37   10.2.0.1     GigabitEthernet 0/2
```

- S2 的 OSPF 邻居。

```
S2#show ip ospf neighbor

OSPF process 10, 2 Neighbors, 2 is Full:
Neighbor ID    Pri   State     Dead Time    Address      Interface
10.10.10.10    1     Full/DR   00:00:39   10.3.0.1     GigabitEthernet 0/1
20.20.20.20    1     Full/DR   00:00:37   10.4.0.1     GigabitEthernet 0/2
```

以上输出结果显示,OSPF邻居进行了DR/BDR的选举,原因是以太网链路默认的OSPF
网络是广播类型的，可以将其链路改成点对点链路进行优化。

3. 接口优化配置

```
R1(config)#interface range gigabitEthernet 0/0 - 1
R1(config-if-range)#ip ospf network point-to-point
//将链路的类型改成点对点链路，这样就不会进行DR与BDR的选举

R2(config)#interface range gigabitEthernet 0/0 - 1
R2(config-if-range)#ip ospf network point-to-point

S1(config)#interface range gigabitEthernet 0/1 - 2
S1(config-if-range)#ip ospf network point-to-point

S2(config)#interface range gigabitEthernet 0/1 - 2
S2(config-if-range)#ip ospf network point-to-point
```

4. 再查看 OSPF 的邻居

```
R1#show ip ospf neighbor

OSPF process 10, 3 Neighbors, 3 is Full:
Neighbor ID     Pri  State  BFD State  Dead Time  Address   Interface
20.20.20.20     1    Full/ -    -       00:00:38   10.0.0.2  Serial 3/0
30.30.30.30     1    Full/ -    -       00:00:31   10.1.0.2  GigabitEthernet 0/0
192.168.0.254   1    Full/ -    -       00:00:33   10.3.0.2  GigabitEthernet 0/1
R2#show ip ospf neighbor

OSPF process 10, 3 Neighbors, 3 is Full:
Neighbor ID     Pri  State  BFD State  Dead Time  Address   Interface
10.10.10.10     1    Full/ -    -       00:00:36   10.0.0.1  Serial 3/0
30.30.30.30     1    Full/ -    -       00:00:36   10.2.0.2  GigabitEthernet 0/0
192.168.0.254   1    Full/ -    -       00:00:38   10.4.0.2  GigabitEthernet 0/1
```

以上输出结果显示，OSPF 邻居之间已经不进行 DR 与 BDR 的选举了。

5. 查看 OSPF 的路由表

- R1 的 OSPF 路由表条目。

```
R1#show ip route ospf
O    10.2.0.0/30 [110/2] via 10.1.0.2, 00:10:09, GigabitEthernet 0/0
O    10.4.0.0/30 [110/2] via 10.3.0.2, 00:09:37, GigabitEthernet 0/1
O    20.20.20.20/32 [110/2] via 10.1.0.2, 00:10:09, GigabitEthernet 0/0
O    30.30.30.30/32 [110/1] via 10.1.0.2, 00:10:09, GigabitEthernet 0/0
O    172.16.10.0/24 [110/2] via 10.1.0.2, 00:10:09, GigabitEthernet 0/0
O    172.16.20.0/24 [110/2] via 10.1.0.2, 00:10:09, GigabitEthernet 0/0
```

```
O    172.16.30.0/24 [110/2] via 10.1.0.2, 00:10:09, GigabitEthernet 0/0
O    172.16.40.0/24 [110/2] via 10.1.0.2, 00:10:09, GigabitEthernet 0/0
O    192.168.0.0/24 [110/2] via 10.3.0.2, 00:09:37, GigabitEthernet 0/1
```

- R2 的 OSPF 路由表条目。

```
R2#show ip route ospf
O    10.1.0.0/30 [110/2] via 10.2.0.2, 00:11:01, GigabitEthernet 0/0
O    10.3.0.0/30 [110/2] via 10.4.0.2, 00:10:29, GigabitEthernet 0/1
O    10.10.10.10/32 [110/2] via 10.2.0.2, 00:11:01, GigabitEthernet 0/0
O    30.30.30.30/32 [110/1] via 10.2.0.2, 00:11:01, GigabitEthernet 0/0
O    172.16.10.0/24 [110/2] via 10.2.0.2, 00:11:01, GigabitEthernet 0/0
O    172.16.20.0/24 [110/2] via 10.2.0.2, 00:11:01, GigabitEthernet 0/0
O    172.16.30.0/24 [110/2] via 10.2.0.2, 00:11:01, GigabitEthernet 0/0
O    172.16.40.0/24 [110/2] via 10.2.0.2, 00:11:01, GigabitEthernet 0/0
O    192.168.0.0/24 [110/2] via 10.4.0.2, 00:10:29, GigabitEthernet 0/1
```

2.4 BGP 路由协议

边界网关协议（Border Gateway Protocol，BGP）是一种不同自治系统的路由设备之间进行通信的外部网关协议（Exterior Gateway Protocol，EGP），其主要功能是在不同的自治系统（Autonomous Systems，AS）之间交换网络可达信息，并通过协议自身机制来消除路由环路。BGP 使用 TCP 作为传输协议，通过 TCP 的可靠传输机制保证 BGP 的传输可靠性。运行 BGP 的 Router 称为 BGP Speaker，建立了 BGP 会话连接（BGP Session）的 BGP Speakers 被称作对等体（BGP Peers）。

BGP Speaker 之间建立对等体的模式有两种：IBGP（Internal BGP）和 EBGP（External BGP）。IBGP 是指在相同 AS 内建立 BGP 连接，EBGP 是指在不同 AS 之间建立 BGP 连接。二者的作用简而言之就是，EBGP 完成不同 AS 之间路由信息的交换，IBGP 完成路由信息在本 AS 内的传递。

2.4.1 BGP 路由基础配置

【配置命令解析】

1. 配置 BGP 邻居

```
Ruijie(config)#router bgp Autonomous system number
//启用BGP进程，AS号<1-4294967295>、 <1.0-65535.65535>
Ruijie(config-router)#neighbor Neighbor address remote-as Specify a BGP neighbor
//指定BGP邻居地址及AS号
Ruijie(config-router)#neighbor Neighbor address update-source Source address
//配置BGP邻居的更新源地址
```

若 BGP 邻居的 AS 号与自己的 AS 号一致，则建立的是 IBGP 邻居关系；若 BGP 邻居的 AS 号与自己的 AS 号不一致，则建立的是 EBGP 邻居关系。

BGP 邻居更新源地址的选择标准如下。

① 若 EBGP 邻居在 AS 边界，则建议采用直连接口作为更新源地址，直连可达，这样无须 IGP 打通更新源地址之间的路由。

② 若 IBGP 邻居在 AS 内部，则建议采用 Loopback 地址作为更新源地址，Loopback 地址可靠（不会因为物理线路 down 掉，从而导致 BGP 邻居动荡），AS 内部一般都有 IGP 打通更新源地址的路由。

IBGP 存在水平分割，从 IBGP 邻居学习来的路由，不会传递给其他的 IBGP 邻居（会传递给 EBGP 邻居）

2. 将路由通告给 BGP

```
Ruijie(config)#router bgp Autonomous system number
Ruijie(config-router)#network Network number mask Specify network mask
Network number 、mask：需要通告给BGP的网络地址、掩码
//network命令，在BGP里面负责将哪些路由通告给BGP进程，并非对哪些接口启用BGP（与RIP和OSPF
含义不一样）。采用network命令通告的路由，本地show ip route必须有这条路由，且掩码与mask参
数的掩码一致，才能通告到BGP进程。
```

3. BGP 路由聚合

```
Ruijie(config-router)# aggregate-address ip-address mask [as-set] [summary-only]
//使用该命令配置 BGP 的 IPv4 聚合路由表项。使用该命令的 no 选项可以关闭该功能。
```

参数说明如下。

- ip-address：聚合地址的地址前缀。
- mask：聚合地址掩码。
- as-set：保留聚合地址范围内路径的 AS 路径信息。
- summary-only：只公告聚合后的路径。

4. 路由反射器

路由反射器能够解决 IBGP 的水平分割（从 IBGP 邻居学习到的路由不会传递给其他的 IBGP 邻居）问题。路由反射器可以将自己的最优 BGP 路由反射给自己的 client，从而突破水平分割的限制，反射规则如下。

① 从 EBGP 邻居学习到的路由发送给所有的 client 和非 client，也就是发送给所有邻居。

② 从非 client 学习到的路由发送给所有的 client。

③ 从 client 学习到的路由发送给所有的 client 和非 client，也就是发送给所有的邻居。

```
Ruijie(config)#router bgp Autonomous system number
```

```
Ruijie(config-router)#neighbor Neighbor address route-reflector-client
//指定路由反射器的客户端
```

2.4.2 BGP 路由案例解析

【案例拓扑】

案例拓扑图如图 2-4 所示。

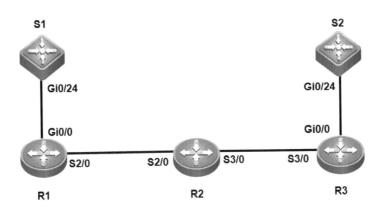

图 2-4 案例拓扑图

设备参数表如表 2-4 所示。

表 2-4 设备参数表

设　备	设备接口	IP 地　址	子网掩码	说　明
R1	Gi0/0	50.1.0.9	255.255.255.252	
	S2/0	50.1.0.1	255.255.255.252	
	Loopback 0	11.1.0.1	255.255.255.255	
R2	S2/0	50.1.0.2	255.255.255.252	
	S3/0	50.1.0.5	255.255.255.252	
	Loopback 0	11.1.0.2	255.255.255.255	
R3	Gi0/0	50.1.0.13	255.255.255.252	
	S3/0	50.1.0.6	255.255.255.252	
	Loopback 0	11.1.0.3	255.255.255.255	
S1	Gi0/24	50.1.0.10	255.255.255.252	
	VLAN10	60.1.10.254	255.255.255.0	生产部门 Gi0/1-4
	VLAN20	60.1.20.254	255.255.255.0	研发部门 Gi0/5-8
S2	Gi0/24	50.1.0.14	255.255.255.252	
	VLAN10	70.1.10.254	255.255.255.0	生产部门 Gi0/1-4
	VLAN20	70.1.20.254	255.255.255.0	研发部门 Gi0/5-8

上海办事处 S1 与杭州办事处 S2 均有生产与研发部门,为了确保办事处间各业务部门互联互通的效率和质量,申请二级运营商专线业务。针对运营商(R1、R2、R3)组网及驻外办事处网络部署要求如下。

- R1、R2、R3 部署 IGP 中 OSPF 动态路由,实现直连网段互联互通。
- S1、S2 只维护直连路由,不使用任何路由协议。
- R1、R2 及 R2、R3 间部署 IBGP,AS 号为 100,使用 Loopback 接口建立 Peer。
- 部署 R2 作为 R1 与 R3 的路由反射器 RR。
- R1、S1 部署 EBGP,AS 号为 110,使用直连接口建立 Peer。
- R3、S2 部署 EBGP,AS 号为 120,使用直连接口建立 Peer。
- 办事处业务网段通告给二级运营商的路由条目只有一条汇总后的 B 段路由,且保证汇总后路径信息不丢失。

【任务实施】

1. 部署 OSPF 动态路由

```
R1(config)# router ospf 10
R1(config-router)#router-id 11.1.0.1
Change router-id and update OSPF process! [yes/no]:yes
R1(config-router)#network 50.1.0.1 0.0.0.0 area 0
R1(config-router)#network 50.1.0.9 0.0.0.0 area 0
R1(config-router)#network 11.1.0.1 0.0.0.0 area 0

R2(config)# router ospf 10
R2(config-router)#router-id 11.1.0.2
Change router-id and update OSPF process! [yes/no]:yes
R2(config-router)#network 50.1.0.2 0.0.0.0 area 0
R2(config-router)#network 50.1.0.5 0.0.0.0 area 0
R2(config-router)#network 11.1.0.2 0.0.0.0 area 0

R3(config)# router ospf 10
R3(config-router)#router-id 11.1.0.3
Change router-id and update OSPF process! [yes/no]:yes
R3(config-router)#network 50.1.0.6 0.0.0.0 area 0
R3(config-router)#network 50.1.0.13 0.0.0.0 area 0
R3(config-router)#network 11.1.0.3 0.0.0.0 area 0
//OSPF实现网络可达
```

2. R1、R2、R3 部署 IBGP

```
R1(config)# router bgp 100
//BGP路由协议，AS号为100
R1(config-router)#neighbor 11.1.0.2 remote-as 100
//指定IBGP邻居
R1(config-router)#neighbor 11.1.0.2 update-source loopback 0
//指定更新源地址
R2(config)# router bgp 100
R2(config-router)#neighbor 11.1.0.1 remote-as 100
R2(config-router)#neighbor 11.1.0.1 update-source loopback 0
R2(config-router)#neighbor 11.1.0.3 remote-as 100
R2(config-router)#neighbor 11.1.0.3 update-source loopback 0

R3(config)# router bgp 100
R3(config-router)#neighbor 11.1.0.2 remote-as 100
R3(config-router)#neighbor 11.1.0.2 update-source loopback 0
```

3. 部署 R2 为 R1、R3 的路由反射器

```
R2(config)# router bgp 100
R2(config-router)#neighbor 11.1.0.1 route-reflector-client
//在R2上指定R1为路由反射器的客户端
R2(config-router)#neighbor 11.1.0.3 route-reflector-client
```

4. R1、S1 部署 EBGP

```
R1(config)# router bgp 100
R1(config-router)#neighbor 50.1.0.10 remote-as 110

S1(config)#router bgp 110
S1(config-router)#neighbor 50.1.0.9 remote-as 100
```

5. R3、S2 部署 EBGP

```
R3(config)# router bgp 100
R3(config-router)#neighbor 50.1.0.14 remote-as 120

S2(config)#router bgp 120
S2(config-router)#neighbor 50.1.0.13 remote-as 100
```

6. 路由汇总

```
S1(config)#router bgp 110
S1(config-router)#network 60.1.10.0 mask 255.255.255.0
//宣告本地网段
S1(config-router)#network 60.1.20.0 mask 255.255.255.0
```

```
S1(config-router)#aggregate-address 60.1.0.0 255.255.0.0 as-set summary-only
//宣告路由聚合网段

S2(config)#router bgp 120
S2(config-router)#network 70.1.10.0 mask 255.255.255.0
S2(config-router)#network 70.1.20.0 mask 255.255.255.0
S2(config-router)#aggregate-address 70.1.0.0 255.255.0.0 as-set summary-only
```

7. 查看 BGP 邻居

- R1 的 BGP 邻居。

```
R1#show ip bgp summary
Neighbor      V   AS    MsgRcvd  MsgSent  TblVer  InQ  OutQ  Up/Down    State/PfxRcd
11.1.0.2      4   100   27       26       3       0    0     00:20:56   1
50.1.0.10     4   110   13       13       5       0    0     00:09:21   1

Total number of neighbors 2
```

- R2 的邻居。

```
R2#show ip bgp summary
Neighbor      V   AS    MsgRcvd  MsgSent  TblVer  InQ  OutQ  Up/Down    State/PfxRcd
11.1.0.1      4   100   30       30       5       0    0     00:24:00   1
11.1.0.3      4   100   30       30       3       0    0     00:23:53   1

Total number of neighbors 2
```

- R3 的邻居

```
R3#show ip bgp summary
Neighbor      V   AS    MsgRcvd  MsgSent  TblVer  InQ  OutQ  Up/Down    State/PfxRcd
11.1.0.2      4   100   31       32       5       0    0     00:25:08   1
50.1.0.14     4   120   17       17       3       0    0     00:12:27   1

Total number of neighbors 2
```

- S1 的邻居。

```
S1#show ip bgp summary
Neighbor      V   AS    MsgRcvd  MsgSent  TblVer  InQ  OutQ  Up/Down    State/PfxRcd
50.1.0.9      4   100   19       20       2       0    0     00:14:14   1

Total number of neighbors 1
```

- S2 的邻居。

```
S2#show ip bgp summary
```

```
Neighbor      V   AS   MsgRcvd  MsgSent   TblVer  InQ OutQ Up/Down   State/PfxRcd
50.1.0.13     4   100  19       19        2       0   0   00:14:17  1

Total number of neighbors 1
```

8. 查看路由表

```
S1#show ip route
C    11.1.0.6/32 is local host.
C    50.1.0.8/30 is directly connected, GigabitEthernet 0/24
C    50.1.0.10/32 is local host.
B    60.1.0.0/16 [200/0] via 0.0.0.0, 00:13:21, Null 0
C    60.1.10.0/24 is directly connected, VLAN 10
C    60.1.10.254/32 is local host.
C    60.1.20.0/24 is directly connected, VLAN 20
C    60.1.20.254/32 is local host.
B    70.1.0.0/16 [20/0] via 50.1.0.9, 00:09:16


S2#show ip route
C    50.1.0.12/30 is directly connected, GigabitEthernet 0/24
C    50.1.0.14/32 is local host.
B    60.1.0.0/16 [20/0] via 50.1.0.13, 00:15:34
B    70.1.0.0/16 [200/0] via 0.0.0.0, 00:11:59, Null 0
C    70.1.10.0/24 is directly connected, VLAN 10
C    70.1.10.254/32 is local host.
C    70.1.20.0/24 is directly connected, VLAN 20
C    70.1.20.254/32 is local host.
```

2.5 策略路由

策略路由（Policy-Based Routing，PBR）提供了一种比基于目的地址进行路由转发更加灵活的数据包路由转发机制。策略路由可以根据 IP/IPv6 报文源地址、目的地址、接口、报文长度等内容灵活地进行路由选择。

2.5.1 策略路由配置

扫一扫，
看微课

2-7　策略路由

【配置命令解析】

1. 定义 ACL

```
Ruijie(config)# ip access-list {extended | standard} {id | name}
//定义ACL，将其作为报文匹配规则
```

2. 定义路由图

```
Ruijie(config)# route-map route-map-name [ {permit | deny} sequence ]
//定义路由图，一个路由图可以由好多策略组成，策略按序号大小排列，只要符合了前面序号的策略，
系统就退出路由图的执行
```

3. 定义路由图的策略匹配规则

```
Ruijie(config-route-map)# match ip address {access-list-number | access-list-name}
//匹配访问列表中的地址
Ruijie(config-route-map)# match length min max
//匹配报文的长度
```

4. 定义匹配规则后的操作

```
Ruijie(config-route-map)# set ip next-hop ip-address [weight][ip-address[weight]]
//配置数据包的下一跳IP地址
Ruijie(config-route-map)# set interface intf_name
//配置报文的出接口
Ruijie(config-route-map)# set ip default next-hop ip-address[weight] [ip-address[weight]]
//为路由表中没有明确路由的数据分组指定下一跳IP地址
Ruijie(config-route-map)# set default interface intf_name
//配置IP报文的默认出接口
```

5. 在接口上应用路由图

```
Ruijie(config)# interface interface-type interface-number
//选择要应用策略路由的接口
Ruijie(config-if)# ip policy route-map name
//在接口上应用策略路由
```

2.5.2 典型案例解析

 【案例拓扑】

案例拓扑图如图 2-5 所示。

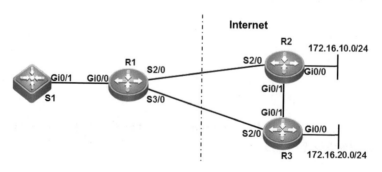

图 2-5 案例拓扑图

设备参数表如表 2-5 所示。

表 2-5　设备参数表

设　　备	设备接口	IP　地　址	子网掩码	说　　明
R1	Gi0/0	10.1.1.1	255.255.255.252	
	S2/0	10.1.0.1	255.255.255.252	
	S3/0	10.2.0.1	255.255.255.252	
R2	Gi0/0	172.16.10.254	255.255.255.0	
	Gi0/1	10.3.0.1	255.255.255.252	
	S2/0	10.1.0.2	255.255.255.252	
R3	Gi0/0	172.16.20.254	255.255.255.0	
	Gi0/1	10.3.0.2	255.255.255.252	
	S2/0	10.2.0.2	255.255.255.252	
S1	Gi0/1	10.1.1.2	255.255.255.252	
	VLAN10	192.168.10.254	255.255.255.0	RF
	VLAN20	192.168.20.254	255.255.255.0	Sales

【任务需求】

某公司局域网有两个出接口连接到 Internet。通常情况下，希望这两个出接口能够实现负载分担并互为备份，具体需求如下。

- 子网 1（VLAN10）的所有访问 Internet 的数据流走出接口 S2/0。
- 子网 2（VLAN20）的所有访问 Internet 的数据流走出接口 S3/0。
- 当任何一条链路失效时，可自动切换到另一条链路进行转发。
- Route-map 策略名为 Fenliu。
- 子网 1 用户流量由 ACL1（编号 1）来定义。
- 子网 2 用户流量由 ACL2（编号 2）来定义。

【任务实施】

1. 基础配置保证路由可达

```
R1(config)#ip route 192.168.10.0 255.255.255.0 10.1.1.2
R1(config)#ip route 192.168.20.0 255.255.255.0 10.1.1.2
//R1路由器只需要配置达到S1的两个子网的路由，到达外部的路由是由策略路由控制的
S1(config)#ip route 0.0.0.0 0.0.0.0 10.1.1.1
R2(config)#ip route 0.0.0.0 0.0.0.0 10.1.0.1
R2(config)#ip route 172.16.20.0 255.255.255.0 10.3.0.2
R3(config)#ip route 0.0.0.0 0.0.0.0 10.2.0.1
```

```
R3(config)#ip route 172.16.10.0 255.255.255.0 10.3.0.1
```
//以上路由的配置暂不考虑外网的冗余备份情况

2. 定义 ACL

```
R1(config)#access-list 1 permit 192.168.10.0 0.0.0.255
```
//匹配子网1的流量
```
R1(config)#access-list 2 permit 192.168.20.0 0.0.0.255
```
//匹配子网2的流量

3. 配置策略 Route-map

（1）子网 1 的策略。

```
R1(config)#route-map Fenliu permit 10
```
//定义路由图Fenliu，路由图匹配序列号为10
```
R1(config-route-map)#match ip address 1
```
//匹配子网1
```
R1(config-route-map)#set ip next-hop 10.1.0.2
```
//配置下一跳地址
```
R1(config-route-map)#set ip next-hop 10.2.0.2
```
//配置下一跳备份地址

（2）子网 2 的策略。

```
R1(config)#route-map Fenliu permit 20
R1(config-route-map)#match ip address 2
R1(config-route-map)#set ip next-hop 10.2.0.2
R1(config-route-map)#set ip next-hop 10.1.0.2
```

4. 配置策略模式与接口应用

```
R1(config)#ip policy redundance
```
//配置策略路由负载分担模式为冗余备份
```
R1(config)#interface gigabitEthernet 0/0
R1(config-if-GigabitEthernet 0/0)#ip policy route-map Fenliu
```
//在接口上应用策略路由

5. 实验调试

```
R1#show ip policy
Balance mode: redundance
Interface                            Route map
GigabitEthernet 0/0                    Fenliu
```

在子网 1 中用主机追踪路径，如图 2-6 所示。

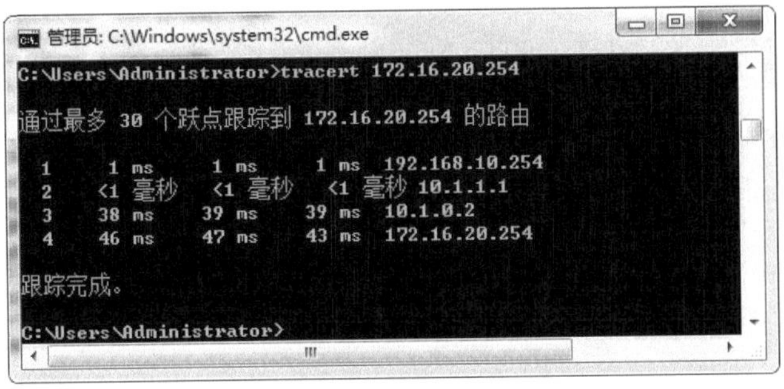

图 2-6　策略路由路径

以上输出结果显示，子网 1 中的流量出去的路径首先经过 R2 的 10.1.0.2，证明这是由策略路由实行的策略。

2.6　路由重分布

一般在大型园区网络中会使用到多种路由协议，为了实现多种路由协议的协同工作，路由器可以使用路由重分布（Route Redistribution）将其学习到的一种路由协议的路由通过另一种路由协议广播出去，这样网络的所有部分就都可以连通了。为了实现重分布，路由器必须同时运行多种路由协议，这样，每种路由协议才可以取路由表中的所有或部分其他协议的路由来进行广播。

在路由的重分布中，经常会用到路由图，路由图对两个路由域之间的路由相互分布进行有条件的控制。

2.6.1　重分布配置

要把路由从一个路由域分布到另一个路由域，并且进行路由重分布，需要在路由进程配置模式中配置。路由重分布技术是路由技术中的难点，必须在对网络、路由技术深入理解的基础上才能掌握良好。

【配置命令解析】

```
Ruijie(config-router)# redistribute protocol [process-id] [metric metric]
[metric-type metric-type] [match internal | external type | nssa-external type]
[tag tag] [route-map route-map-name] [subnets]
//重分布路由协议类型有OSPF、RIP、BGP、connected、static等
Ruijie(config-router)# default-metric metric
//给所有重分布路由配置默认度量值metric
Ruijie(config-router)# default-information originate [always] [metric metric]
[metric-type type] [route-map map-name]
```

//将默认路由引入路由协议进程并进行通告，always表示无论本地路由是否存在默认路由，都会引入一条默认路由

```
Ruijie(config-router)# distribute-list {[access-list-number | access-list-name]
prefix prefix-list-name} out [interface-type interface-number| protocol]
```
//根据访问列表规则，允许或拒绝某些路由被分发出去

2.6.2　单点重分布案例解析

【案例拓扑】

案例拓扑图如图 2-7 所示。

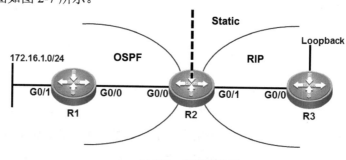

图 2-7　案例拓扑图

设备参数表如表 2-6 所示。

表 2-6　设备参数表

设　　备	设备接口	IP　地　址	子网掩码	默认网关
R1	Gi0/1	172.16.1.1	255.255.255.0	
	Gi0/0	10.1.2.1	255.255.255.252	
R2	Gi0/0	10.1.2.2	255.255.255.252	
	Gi0/1	10.2.3.1	255.255.255.252	
R3	Gi0/0	10.2.3.2	255.255.255.252	
	Loopback0	192.168.0.1	255.255.255.255	
	Loopback1	192.168.1.1	255.255.255.255	
	Loopback2	172.16.2.1	255.255.255.255	
	Loopback3	172.16.3.1	255.255.255.255	

【任务需求】

某小型公司有 3 台路由器连成了网络，由于历史原因，在公司内部使用了多种路由协议，包括 RIP、OSPF、静态路由，如图 2-7 所示，具体需求如下。

44

- R1 与 R2 之间运行 OSPF，通告具体网段。
- R2 与 R3 之间运行 RIP，R3 的环回接口通过引入的方式传播到 RIP 域内，并且要求引入 192 网段时跳数配置为 5，引入 172 网段时跳数配置为 10，通过 route-map 实现，router-map 名字为 Connected_To_Rip。
- R2 配置静态路由通往 192.168.100.0/24 网段，并且分别引入 RIP、OSPF 网络中。当引入 RIP 网络时，跳数配置为 8；当引入 OSPF 网络时，类型配置为 E1。
- RIP 与 OSPF 相互引入。当引入 RIP 域时，跳数配置为 10；当引入 OSPF 域时，192 网段类型配置为 E1，172 网段类型配置为 E2，通过 router-map 实现，router-map 名字为 RIP_To_OSPF。

【任务实施】

1. 基础路由部署

- R1 的基础路由部署。

```
R1(config)#router ospf 10
R1(config-router)#router-id 1.1.1.1
//设定OSPF的路由器ID（可选配置，如果不用命令指定，则路由器会根据选举规则产生ID）
Change router-id and update OSPF process! [yes/no]:yes
R1(config-router)#network 10.1.2.1 0.0.0.0 area 0
R1(config-router)#network 172.16.1.1 0.0.0.0 area 0
```

- R2 的基础路由部署。

```
R2(config)#router ospf 10
R2(config-router)#router-id 2.2.2.2
Change router-id and update OSPF process! [yes/no]:yes
R2(config-router)#network 10.1.2.2 0.0.0.0 area 0
R2(config)#router rip
R2(config-router)#version 2
R2(config-router)#no auto-summary
R2(config-router)#network 10.2.3.0 0.0.0.3
```

- R3 的基础路由部署。

```
R3(config)#router rip
R3(config-router)#version 2
R3(config-router)#no auto-summary
R3(config-router)#network 10.2.3.0 0.0.0.3
```

2. R3 路由器引入直连网络

```
R3(config)#ip access-list standard 1
R3(config-std-nacl)#permit 192.168.0.0 0.0.255.255
//配置标准ACL，匹配192网段
R3(config)#ip access-list standard 2
R3(config-std-nacl)#permit 172.16.0.0 0.0.255.255
//配置标准ACL，匹配172网段
R3(config)#route-map Connected_To_Rip permit 10
R3(config-route-map)#match ip address 1
//匹配192网段
R3(config-route-map)#set metric 5
//配置跳数为5
R3(config-route-map)#exit
R3(config)#route-map Connected_To_Rip permit 20
R3(config-route-map)#match ip address 2
//匹配172网段
R3(config-route-map)#set metric 10
//配置跳数为10
R3(config-route-map)#exit
R3(config)#router rip
R3(config-router)#redistribute connected route-map Connected_To_Rip
//将直连网络重分布到RIP域，在引入时匹配路由图
```

- 查看 R2 的 RIP 路由表。

```
R2#show ip route rip
R    172.16.2.1/32 [120/10] via 10.2.3.2, 00:02:38, GigabitEthernet 0/1
R    172.16.3.1/32 [120/10] via 10.2.3.2, 00:02:38, GigabitEthernet 0/1
R    192.168.0.1/32 [120/5] via 10.2.3.2, 00:02:38, GigabitEthernet 0/1
R    192.168.1.1/32 [120/5] via 10.2.3.2, 00:02:38, GigabitEthernet 0/1
```

以上输出结果显示，192 网段引入后跳数是 5，172 网段引入后跳数是 10。

3. R2 路由器引入静态路由

```
R2(config)#ip route 192.168.100.0 255.255.255.0 null 0
//配置去往192.168.100.0/24网络的静态路由
R2(config)#router rip
R2(config-router)#redistribute static metric 8
//在RIP域中引入静态路由，在引入时跳数配置为8
R2(config)#router ospf 10
R2(config-router)#redistribute static metric-type 1 subnets
//在OSPF域中引入静态路由，在引入时度量类型配置为TYPE 1
```

- R1 路由表。

```
R1#show ip route

Gateway of last resort is no set
C    10.1.2.0/30 is directly connected, GigabitEthernet 0/0
C    10.1.2.1/32 is local host.
C    172.16.1.0/24 is directly connected, GigabitEthernet 0/1
C    172.16.1.1/32 is local host.
O E1 192.168.100.0/24 [110/21] via 10.1.2.2, 00:01:09, GigabitEthernet 0/0
```

R1 的路由表输出结果显示，192 网段的静态路由引入后类型是 TYPE 1。

- R3 路由表。

```
R3#show ip route

Gateway of last resort is no set
C    10.2.3.0/30 is directly connected, GigabitEthernet 0/0
C    10.2.3.2/32 is local host.
C    172.16.2.1/32 is local host.
C    172.16.3.1/32 is local host.
C    192.168.0.1/32 is local host.
C    192.168.1.1/32 is local host.
R    192.168.100.0/24 [120/8] via 10.2.3.1, 00:02:58, GigabitEthernet 0/0
```

R3 的路由表输出结果显示，静态路由引入后跳数是 8。

4. RIP 与 OSPF 双向重分布

```
R2(config)#router rip
R2(config-router)#redistribute ospf 10 metric 10
//在RIP域中引入OSPF，在引入时跳数配置为10
R2(config)#ip access-list standard 1
R2(config-std-nacl)#permit 192.168.0.0 0.0.255.255
R2(config)#ip access-list standard 2
R2(config-std-nacl)#permit 172.16.0.0 0.0.255.255
//定义ACL来区分重分布需要配置的类型
R2(config)#route-map RIP_To_OSPF permit 10
R2(config-route-map)#match ip address 1
R2(config-route-map)#set metric-type type-1
//匹配ACL1的网络配置类型为TYPE 1
R2(config-route-map)#exit
R2(config)#route-map RIP_To_OSPF permit 20
R2(config-route-map)#match ip address 2
R2(config-route-map)#set metric-type type-2
```

```
//匹配ACL2的网络配置类型为TYPE 2
R2(config-route-map)#exit
R2(config)#router ospf 10
R2(config-router)#redistribute rip route-map RIP_To_OSPF subnets
//在OSPF域中引入RIP，在引入时使用路由图
```

- R3 的 RIP 路由表。

```
R3#show ip route rip
R    10.1.2.0/30 [120/10] via 10.2.3.1, 00:14:30, GigabitEthernet 0/0
R    172.16.1.0/24 [120/10] via 10.2.3.1, 00:14:30, GigabitEthernet 0/0
R    192.168.100.0/24 [120/8] via 10.2.3.1, 00:21:47, GigabitEthernet 0/0
```

R3 的路由表输出结果显示，由 OSPF 域引入的路由跳数是 10。

- R1 的 OSPF 路由表。

```
R1#show ip route ospf
O E2 172.16.2.1/32 [110/20] via 10.1.2.2, 00:13:37, GigabitEthernet 0/0
O E2 172.16.3.1/32 [110/20] via 10.1.2.2, 00:13:37, GigabitEthernet 0/0
O E1 192.168.0.1/32 [110/21] via 10.1.2.2, 00:13:37, GigabitEthernet 0/0
O E1 192.168.1.1/32 [110/21] via 10.1.2.2, 00:13:37, GigabitEthernet 0/0
O E1 192.168.100.0/24 [110/21] via 10.1.2.2, 00:22:51, GigabitEthernet 0/0
```

R1 的路由表输出结果显示，192 网段引入后类型是 E1，172 网段引入后类型是 E2。

2.6.3 双点双向重分布案例解析

 【案例拓扑】

案例拓扑图如图 2-8 所示。

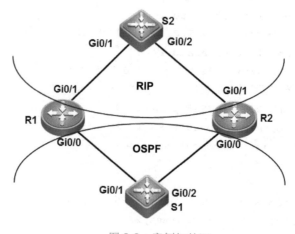

图 2-8 案例拓扑图

48

设备参数表如表2-7所示。

表2-7 设备参数表

设　备	设备接口	IP 地　址	子网掩码	默认网关
R1	Gi0/0	10.1.0.1	255.255.255.252	
	Gi0/1	10.3.0.1	255.255.255.252	
	Loopback	10.10.10.10	255.255.255.255	
R2	Gi0/0	10.2.0.1	255.255.255.252	
	Gi0/1	10.4.0.1	255.255.255.252	
	Loopback	20.20.20.20	255.255.255.255	
S1	Gi0/1	10.1.0.2	255.255.255.252	
	Gi0/2	10.2.0.2	255.255.255.252	
	Loopback	30.30.30.30	255.255.255.255	
	VLAN10	172.16.10.254	255.255.255.0	
	VLAN20	172.16.20.254	255.255.255.0	
	VLAN30	172.16.30.254	255.255.255.0	
	VLAN40	172.16.40.254	255.255.255.0	
S2	Gi0/1	10.3.0.2	255.255.255.252	
	Gi0/2	10.4.0.2	255.255.255.252	
	VLAN100	192.168.0.254	255.255.255.0	

【任务需求】

某小型集团内部使用 OSPF 与 RIP 多种协议组网，R1、R2、S1 使用 OSPF，R1、R2、S2 使用 RIP，组网要求具有安全性、稳定性，具体要求如下。

- OSPF 进程号为 10，规划单区域 0。
- RIP 版本号为 2，取消自动聚合。
- 要求业务网段中不出现协议报文。
- 要求所有路由协议都发布具体网段。
- 为了管理方便，OSPF 中需要发布 Loopback 地址。
- 优化 OSPF 相关配置，以尽量加快 OSPF 收敛。
- OSPF、RIP 互相注入通过 route-map（命名为 Filter）、distribute-list 过滤从而防止路由环路，当进行路由标记时，RIP 进入 OSPF 域时标记为 100。

【任务实施】

1. 基础路由部署

• R1 的基础路由部署。

```
R1(config)#router ospf 10
R1(config-router)#router-id 1.1.1.1
Change router-id and update OSPF process! [yes/no]:yes
R1(config-router)#network 10.1.0.1 0.0.0.0 area 0
R1(config-router)#network 10.10.10.10 0.0.0.0 area 0
R1(config-router)#exit
R1(config)#router rip
R1(config-router)#version 2
R1(config-router)#no auto-summary
R1(config-router)#network 10.3.0.0 0.0.0.3
```

• R2 的基础路由部署。

```
R2(config)#router ospf 10
R2(config-router)#router-id 2.2.2.2
Change router-id and update OSPF process! [yes/no]:yes
R2(config-router)#network 10.2.0.1 0.0.0.0 area 0
R2(config-router)#network 20.20.20.20 0.0.0.0 area 0
R2(config-router)#exit
R2(config)#router rip
R2(config-router)#version 2
R2(config-router)#no auto-summary
R2(config-router)#network 10.4.0.0 0.0.0.3
```

• S1 的基础路由部署。

```
S1(config)#router ospf 10
S1(config-router)#router-id 3.3.3.3
Change router-id and update OSPF process! [yes/no]:yes
S1(config-router)#network 10.1.0.2 0.0.0.0 area 0
S1(config-router)#network 10.2.0.2 0.0.0.0 area 0
S1(config-router)#network 30.30.30.30 0.0.0.0 area 0
S1(config-router)#network 172.16.10.254 0.0.0.0 area 0
S1(config-router)#network 172.16.20.254 0.0.0.0 area 0
S1(config-router)#network 172.16.30.254 0.0.0.0 area 0
S1(config-router)#network 172.16.40.254 0.0.0.0 area 0
S1(config-router)#passive-interface vlan 10
S1(config-router)#passive-interface vlan 20
```

```
S1(config-router)#passive-interface vlan 30
S1(config-router)#passive-interface vlan 40
```

- S2 的基础路由部署。

```
S2(config)#router rip
S2(config-router)#version 2
S2(config-router)#no auto-summary
S2(config-router)#network 10.3.0.0 0.0.0.3
S2(config-router)#network 10.4.0.0 0.0.0.3
S2(config-router)#network 192.168.0.0 0.0.0.255
S2(config-router)#passive-interface vlan 100
```

2. OSPF 优化

```
R1(config)#interface range gigabitEthernet 0/0 - 1
R1(config-if-range)#ip ospf network point-to-point
//将链路的类型改成点对点链路，这样就不会进行DR与BDR的选举，可以加快收敛

R2(config)#interface range gigabitEthernet 0/0 - 1
R2(config-if-range)#ip ospf network point-to-point

S1(config)#interface range gigabitEthernet 0/1 - 2
S1(config-if-range)#ip ospf network point-to-point
```

3. 双向重分布

（1）没有优化的重分布。

- R1 执行重分布。

```
R1(config)#router rip
R1(config-router)#redistribute ospf 10
//在RIP域中引入OSPF路由
R1(config-router)#exit
R1(config)#router ospf 10
R1(config-router)#redistribute rip subnets
//在OSPF域中引入RIP路由
```

- R2 执行重分布。

```
R2(config)#router rip
R2(config-router)#redistribute ospf 10
R2(config-router)#exit
R2(config)#router ospf 10
R2(config-router)#redistribute rip subnets
```

- R1 的路由表。

```
R1#show ip route

Gateway of last resort is no set
C    10.1.0.0/30 is directly connected, GigabitEthernet 0/0
C    10.1.0.1/32 is local host.
O    10.2.0.0/30 [110/2] via 10.1.0.2, 00:06:51, GigabitEthernet 0/0
C    10.3.0.0/30 is directly connected, GigabitEthernet 0/1
C    10.3.0.1/32 is local host.
O E2 10.4.0.0/30 [110/20] via 10.1.0.2, 00:01:43, GigabitEthernet 0/0
C    10.10.10.10/32 is local host.
O    20.20.20.20/32 [110/2] via 10.1.0.2, 00:06:41, GigabitEthernet 0/0
O    30.30.30.30/32 [110/1] via 10.1.0.2, 00:06:51, GigabitEthernet 0/0
O    172.16.10.0/24 [110/2] via 10.1.0.2, 00:06:51, GigabitEthernet 0/0
O    172.16.20.0/24 [110/2] via 10.1.0.2, 00:06:51, GigabitEthernet 0/0
O    172.16.30.0/24 [110/2] via 10.1.0.2, 00:06:51, GigabitEthernet 0/0
O    172.16.40.0/24 [110/2] via 10.1.0.2, 00:06:51, GigabitEthernet 0/0
R    192.168.0.0/24 [120/1] via 10.3.0.2, 00:14:39, GigabitEthernet 0/1
```

- R2 的路由表。

```
R2#show ip route

Gateway of last resort is no set
O    10.1.0.0/30 [110/2] via 10.2.0.2, 00:05:25, GigabitEthernet 0/0
C    10.2.0.0/30 is directly connected, GigabitEthernet 0/0
C    10.2.0.1/32 is local host.
O E2 10.3.0.0/30 [110/20] via 10.2.0.2, 00:01:23, GigabitEthernet 0/0
C    10.4.0.0/30 is directly connected, GigabitEthernet 0/1
C    10.4.0.1/32 is local host.
O    10.10.10.10/32 [110/2] via 10.2.0.2, 00:05:25, GigabitEthernet 0/0
C    20.20.20.20/32 is local host.
O    30.30.30.30/32 [110/1] via 10.2.0.2, 00:05:25, GigabitEthernet 0/0
O    172.16.10.0/24 [110/2] via 10.2.0.2, 00:05:25, GigabitEthernet 0/0
O    172.16.20.0/24 [110/2] via 10.2.0.2, 00:05:25, GigabitEthernet 0/0
O    172.16.30.0/24 [110/2] via 10.2.0.2, 00:05:25, GigabitEthernet 0/0
O    172.16.40.0/24 [110/2] via 10.2.0.2, 00:05:25, GigabitEthernet 0/0
O E2 192.168.0.0/24 [110/20] via 10.2.0.2, 00:01:23, GigabitEthernet 0/0
```

以上输出结果显示，在 R1 与 R2 的路由表中都存在次优路由，形成次优路由的原因是 OSPF 执行了重分布后，把 RIP 的路由替换掉了。因为 OSPF 的管理距离是 90，RIP 的管理距离是 120，OSPF 优于 RIP，所以路由表中会装入 OSPF 的路由条目。

（2）重分布优化配置。

• R1 的重分布。

```
R1(config)#route-map Filter deny 10
//定义路由图Filter，行为是拒绝
R1(config-route-map)#match tag 100
//匹配tag值为100的条目
R1(config-route-map)#exit
R1(config)#route-map Filter permit 20
//拒绝tag值为100的条目后需要允许其他的条目通过
R1(config-route-map)#exit
R1(config)#router ospf 10
R1(config-router)#redistribute rip tag 100 subnets
//在OSPF域中引入时，给路由条目打上标记100
R1(config-router)#distribute-list route-map Filter in
//通过分布列表匹配路由图，即拒绝标记为100的路由条目进入
```

• R2 的重分布。

```
R2(config)#route-map Filter deny 10
R2(config-route-map)#match tag 100
R2(config-route-map)#exit
R2(config)#route-map Filter permit 20
R2(config-route-map)#exit
R2(config)#router ospf 10
R2(config-router)#redistribute rip tag 100 subnets
R2(config-router)#distribute-list route-map Filter in
```

• R1 的路由表。

```
R1#show ip route

Gateway of last resort is no set
C    10.1.0.0/30 is directly connected, GigabitEthernet 0/0
C    10.1.0.1/32 is local host.
O    10.2.0.0/30 [110/2] via 10.1.0.2, 00:02:46, GigabitEthernet 0/0
C    10.3.0.0/30 is directly connected, GigabitEthernet 0/1
C    10.3.0.1/32 is local host.
R    10.4.0.0/30 [120/1] via 10.3.0.2, 00:01:36, GigabitEthernet 0/1
C    10.10.10.10/32 is local host.
O    20.20.20.20/32 [110/2] via 10.1.0.2, 00:02:46, GigabitEthernet 0/0
O    30.30.30.30/32 [110/1] via 10.1.0.2, 00:02:46, GigabitEthernet 0/0
O    172.16.10.0/24 [110/2] via 10.1.0.2, 00:02:46, GigabitEthernet 0/0
O    172.16.20.0/24 [110/2] via 10.1.0.2, 00:02:46, GigabitEthernet 0/0
```

```
O    172.16.30.0/24 [110/2] via 10.1.0.2, 00:02:46, GigabitEthernet 0/0
O    172.16.40.0/24 [110/2] via 10.1.0.2, 00:02:46, GigabitEthernet 0/0
R    192.168.0.0/24 [120/1] via 10.3.0.2, 00:04:17, GigabitEthernet 0/1
```

- R2 的路由表。

```
R2#show ip route

Gateway of last resort is no set
O    10.1.0.0/30 [110/2] via 10.2.0.2, 00:22:03, GigabitEthernet 0/0
C    10.2.0.0/30 is directly connected, GigabitEthernet 0/0
C    10.2.0.1/32 is local host.
R    10.3.0.0/30 [120/1] via 10.4.0.2, 00:01:10, GigabitEthernet 0/1
C    10.4.0.0/30 is directly connected, GigabitEthernet 0/1
C    10.4.0.1/32 is local host.
O    10.10.10.10/32 [110/2] via 10.2.0.2, 00:22:03, GigabitEthernet 0/0
C    20.20.20.20/32 is local host.
O    30.30.30.30/32 [110/1] via 10.2.0.2, 00:22:03, GigabitEthernet 0/0
O    172.16.10.0/24 [110/2] via 10.2.0.2, 00:22:03, GigabitEthernet 0/0
O    172.16.20.0/24 [110/2] via 10.2.0.2, 00:22:03, GigabitEthernet 0/0
O    172.16.30.0/24 [110/2] via 10.2.0.2, 00:22:03, GigabitEthernet 0/0
O    172.16.40.0/24 [110/2] via 10.2.0.2, 00:22:03, GigabitEthernet 0/0
R    192.168.0.0/24 [120/1] via 10.4.0.2, 00:01:10, GigabitEthernet 0/1
```

以上输出结果显示，次优路由问题已经解决，解决次优路由与环路问题的方法很多，如修改管理距离、过滤等方法。

第 **3** 章
广域网协议及传输安全

广域网（Wide Area Network，WAN），是覆盖较大地理范围的数据通信网络。广域网可能覆盖一座城市、一个国家/地区或全球。一般情况下，广域网使用因特网服务提供方（Internet Service Provider，ISP）提供的传输设施传输数据。在广域网上传输数据，如何保证其安全性能是至关重要的，虚拟专网（Virtual Private Network，VPN）技术是利用公用网络来架设专用网络的技术，该技术可以保证数据传输的安全。

3.1 PPP 协议

PPP 协议是在点对点链路上承载网络层数据包的一种链路层协议。PPP 协议定义了一整套的协议，包括链路控制协议（LCP）、网络层控制协议（NCP）和认证协议（PAP 和 CHAP）。PPP 协议由于易扩充、支持同异步且能够提供用户认证，因此获得了较广泛的应用。关于 PPP 协议的协议规范详见 RFC 1661。

扫一扫，
看微课

3-1 广域网 PPP

3.1.1 PAP 认证配置

【配置命令解析】

```
Ruijie(config-if)#encapsulation ppp
//配置接口封装PPP协议
```

1. 被认证方

```
Ruijie(config-if)#ppp pap sent-username username password [0|7] password
//被认证方指定PPP PAP认证的用户名和密码
```

2. 主认证方

```
Ruijie(config-if)#ppp authentication pap
//主认证方启用PAP认证
```

```
Ruijie(config)#username username password [0|7] password
//创建用户数据库账号和密码
```

3.1.2 CHAP 认证配置

【配置命令解析】

```
Ruijie(config-if)#encapsulation ppp
//配置接口封装PPP协议
```

1. 被认证方

```
Ruijie(config-if)#ppp chap hostname hostname
//指定PPP CHAP认证的主机名，如果不配置用户名，则被认证方发送自己的主机名作为PPP的用户名
Ruijie(config-if)#ppp chap password [0|7] password
//指定PPP CHAP认证的密码
Ruijie(config)#username username password [0|7] password
//在知道认证方使用的用户名和密码的前提下，可以创建用户数据库记录而不配置认证密码
```

2. 主认证方

```
Ruijie(config-if)#ppp authentication chap
//主认证方启用CHAP认证
Ruijie(config)#username username password [0|7] password
//创建用户数据库账号和密码
```

3.1.3 PPP 多链路捆绑配置

【配置命令解析】

```
Ruijie(config)#interface multilink group-number
//创建逻辑接口multilink
Ruijie(config)# interface serial interface-number
//进入串行接口配置模式
Ruijie(config-if)#encapsulation ppp
//封装PPP协议
Ruijie(config-if)#ppp multilink
//配置multilink协商模式
Ruijie(config-if)# ppp multilink group group-number
//配置多链路组的组号
```

3.1.4 PPP 综合案例解析

 【案例拓扑】

案例拓扑图如图 3-1 所示。

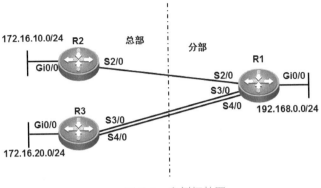

图 3-1   案例拓扑图

设备参数表如表 3-1 所示。

表 3-1   设备参数表

设　　备	设 备 接 口	IP 地　址	子 网 掩 码	说　　明
R2	Gi0/0	172.16.10.254	255.255.255.0	
	S2/0	10.1.2.1	255.255.255.252	
R3	Gi0/0	172.16.20.254	255.255.255.0	
	S3/0	10.1.3.1	255.255.255.252	捆绑组 1 号成员口
	S4/0	10.1.3.1	255.255.255.252	捆绑组 1 号成员口
R1	Gi0/0	192.168.0.254	255.255.255.0	
	S2/0	10.1.2.2	255.255.255.252	
	S3/0	10.1.3.2	255.255.255.252	捆绑组 1 号成员口
	S4/0	10.1.3.2	255.255.255.252	捆绑组 1 号成员口

 【任务需求】

某小型公司总部和分部通过广域网线路连接，其中 R1、R2 间所租用的链路带宽为 2Mbps，R1、R3 间租用的 2 条链路带宽均为 2Mbps。具体需求如下。

- 使用 CHAP 协议。
- 双向认证，用户名+认证口令方式。
- 用户名为 ruijie，密码为 123456。
- R1、R3 间使用 PPP 链路捆绑，捆绑组号为 1。

 【任务实施】

1. PPP 与多链路捆绑配置

- R1 的 PPP。

```
R1(config)#interface multilink 1
//创建多链路捆绑组，组号为1
R1(config-if-multilink 1)#ip address 10.1.3.2 255.255.255.252
//给捆绑组配置IP地址，不需要给物理接口配置IP地址
R1(config-if-multilink 1)#exit
R1(config)#interface range serial 2/0 , 3/0 , 4/0
R1(config-if-range)#bandwidth 2000
//配置链路接口带宽
R1(config-if-range)#encapsulation ppp
//接口启用PPP协议封装
R1(config)#interface serial 3/0
R1(config-if-Serial 3/0)#ppp multilink
R1(config-if-Serial 3/0)#ppp multilink group 1
//物理链路加入捆绑组1号
R1(config-if-Serial 3/0)#exit
R1(config)#interface serial 4/0
R1(config-if-Serial 4/0)#ppp multilink
R1(config-if-Serial 4/0)#ppp multilink group 1
```

- R2 的 PPP。

```
R2(config)#interface serial 2/0
R2(config-if-Serial 2/0)#bandwidth 2000
R2(config-if-Serial 2/0)#encapsulation ppp
```

- R3 的 PPP。

```
R3(config)#interface multilink 1
R3(config-if-multilink 1)#ip address 10.1.3.1 255.255.255.252
R3(config-if-multilink 1)#exit
R3(config)#interface range serial 3/0 , 4/0
R3(config-if-range)#bandwidth 2000
R3(config-if-range)#encapsulation ppp
R3(config-if-range)#exit
R3(config)#interface serial 3/0
R3(config-if-Serial 3/0)#ppp multilink
R3(config-if-Serial 3/0)#ppp multilink group 1
R3(config)#interface serial 4/0
R3(config-if-Serial 4/0)#ppp multilink
R3(config-if-Serial 4/0)#ppp multilink group 1
```

2. PPP 认证配置

- R1 的认证。

```
R1(config)#username ruijie password 0 123456
```

```
//配置本地数据库认证用的账号与密码
R1(config)#interface serial 2/0
R1(config-if-Serial 2/0)#ppp authentication chap
//启用CHAP认证，此接口为主认证端
R1(config-if-Serial 2/0)#ppp chap hostname ruijie
//配置CHAP认证发送的用户名
R1(config-if-Serial 2/0)#ppp chap password 123456
//配置CHAP认证发送的密码
R1(config)#interface serial 3/0
R1(config-if-Serial 3/0)#ppp authentication chap
R1(config-if-Serial 3/0)#ppp chap hostname ruijie
R1(config-if-Serial 3/0)#ppp chap password 123456
R1(config)#interface serial 4/0
R1(config-if-Serial 4/0)#ppp authentication chap
R1(config-if-Serial 4/0)#ppp chap hostname ruijie
R1(config-if-Serial 4/0)#ppp chap password 123456
```

- R2 的认证。

```
R2(config)#username ruijie password 0 123456
R2(config)#interface serial 2/0
R2(config-if-Serial 2/0)#ppp authentication chap
R2(config-if-Serial 2/0)#ppp chap hostname ruijie
R2(config-if-Serial 2/0)#ppp chap password 123456
```

- R3 的认证。

```
R3(config)#username ruijie password 0 123456
R3(config)#interface serial 3/0
R3(config-if-Serial 3/0)#ppp authentication chap
R3(config-if-Serial 3/0)#ppp chap hostname ruijie
R3(config-if-Serial 3/0)#ppp chap password 123456
R3(config)#interface serial 4/0
R3(config-if-Serial 4/0)#ppp authentication chap
R3(config-if-Serial 4/0)#ppp chap hostname ruijie
R3(config-if-Serial 4/0)#ppp chap password 123456
```

3. 实验调试

（1）查看接口信息。

```
R1#show ip interface brief
Interface          IP-Address(Pri)    IP-Address(Sec)  Status  Protocol
multilink 1        10.1.3.2/30        no address       up      up
Serial 2/0         10.1.2.2/30        no address       up      up
Serial 3/0         no address         no address       up      down
```

Serial 4/0	no address	no address	up	down
GigabitEthernet 0/0	192.168.0.254/24	no address	up	up
GigabitEthernet 0/1	no address	no address	down	down

由于 3 号与 4 号串行接口进行了捆绑，所以实际的物理接口信息 Protocol 为 down。

```
R1#show interfaces multilink 1
Index(dec):38 (hex):26
multilink 1 is up, line protocol is up
//链路状态为up
Hardware is multilink
Interface address is: 10.1.3.2/30
  MTU 1500 bytes, BW 4000 Kbit
  Encapsulation protocol is PPP, loopback not set
//封装协议为PPP协议
  Keepalive interval is 10 sec ,retries 10.
  Carrier delay is 0 sec
  Rxload is 1/255, Txload is 1/255
  LCP Open, Multilink Open
  Open: ipcp
  Queueing strategy: FIFO
    Output queue 0/40, 0 drops;
    Input queue 0/75, 0 drops
  5 minutes input rate 0 bits/sec, 0 packets/sec
  5 minutes output rate 44 bits/sec, 0 packets/sec
    10 packets input, 1020 bytes, 0 no buffer, 0 dropped
    Received 0 broadcasts, 0 runts, 0 giants
    0 input errors, 0 CRC, 0 frame, 0 overrun, 0 abort
    20 packets output, 1180 bytes, 0 underruns , 0 dropped
    0 output errors, 0 collisions, 5 interface resets
```

（2）查看 PPP 认证过程。

```
R2(config)#interface serial 2/0
R2(config-if-Serial 2/0)#no ppp authentication
//为了方便观察调试信息，改成单向认证
R1#debug ppp authentication
//启用PPP认证调试信息
R1(config)#interface serial 2/0
R1(config-if-Serial 2/0)#shutdown
R1(config-if-Serial 2/0)#no shutdown
//重新打开接口观察认证过程
*Sep  1 11:41:54: %7: PPP: ppp_clear_author(), protocol = LCP
*Sep  1 11:41:54: %LINK-3-UPDOWN: Interface Serial 2/0, changed state to up.
```

```
*Sep  1 11:41:57: %7: PPP: Serial 2/0 Using CHAP hostname ruijie.
//使用ruijie作为CHAP认证的用户名
*Sep  1 11:41:57: %7: PPP: Serial 2/0 [O] CHAP CHALLENGE id 13 len 23
//从R1发送ID为13的质询
*Sep  1 11:41:57: %7: PPP: Serial 2/0 [I] CHAP RESPONSE id 13 len 23
*Sep  1 11:41:57: %7: PPP: Serial 2/0 CHAP response id=13 ,received from ruijie
//从R2收到ID为13的响应
*Sep  1 11:41:57: %7: PPP: Serial 2/0 [O] MSG:"Authentication success"
*Sep  1 11:41:57: %7: PPP: Serial 2/0 [O] CHAP SUCCESS id 13 len 22
//从R1发送ID为13的认证成功信息
*Sep  1 11:41:57: %7: :PPP: Serial 2/0 authentication OK, begin networkphase!
*Sep  1 11:41:57: %7: PPP: ppp_clear_author(), protocol = IPCP
*Sep  1 11:41:57: %LINEPROTO-5-UPDOWN: Line protocol on Interface Serial 2/0,
changed state to up.
```

以上输出结果显示，CHAP 的认证过程需要 3 次握手。

3.2 IPsec VPN

IPsec 为两个 IPsec 对等体，如两台设备，可以提供安全通道。我们可以定义哪些是需要保护的敏感数据流，并将其由安全通道进行传送，并且通过指定这些通道的参数来定义用于保护这些敏感包的参数，当 IPsec 看到这样的一个敏感包时，它将建立起相应的安全通道，通过这条安全通道将这个数据包传送到远端对等体。

3.2.1 IPsec VPN 配置

IPsec 的配置任务主要分为以下几部分：定义感兴趣的数据流、配置 IKE（协商或手工指定）、定义变换集合、配置加密映射集合、接口应用加密图。其中感兴趣的数据流是通过访问控制列表来定义的，相关命令的解析见第 7 章。

扫一扫，
看微课

3-2 广域网 VPN

【配置命令解析】

1. 配置 IKE

```
Ruijie(config)# crypto isakmp enable
//启用IKE功能
Ruijie(config)# crypto isakmp policy Priority
//标记要创建的策略，每条策略由优先级唯一标记
Ruijie(config-isakmp)# encryption des | 3des | aes-128 | aes-192 | aes-256 | sm1
//指定加密算法
Ruijie(config-isakmp)# hash {sha | md5}
//指定HASH算法
```

```
Ruijie(config-isakmp)# authentication {pre-share | rsa-sig | digital-email}
//指定认证算法，预共享密钥是常用的方法
Ruijie(config-isakmp)# group {1 | 2 | 5}
//指定Diffie-Hellman组标记
Ruijie(config-isakmp)# lifetime seconds
//指定IKE安全联盟的生命周期
```

2. 定义变换集合

```
Ruijie(config)# crypto ipsec transform-set transform-set-name transform1
[transform2 [transform3]]
//transform 参数表示系统支持的算法，算法可以进行一定规则的组合
Ruijie(cfg-crypto-trans)# mode {tunnel | transport}
//默认情况下是隧道模式，隧道模式会把原来整个IP报文封装，隐藏其源目IP地址
```

3. 配置加密映射集合

```
Ruijie(config)# crypto map map-name seq-num ipsec-manual
//手动创建安全联盟
Ruijie(config)# crypto map map-name seq-num ipsec-isakmp
//使用IKE来创建安全联盟的加密映射条目
Ruijie(config-crypto-map)# match address access-list-id
//为加密映射列表指定一个访问列表。这个访问列表决定了哪些通信应该受到IPsec的保护，哪些通信
不应该受到IPsec的保护
Ruijie(config-crypto-map)# set peer {hostname | ip-address} [trustpoint1
[trustpoint2]]
//指定远端IPsec对等体，受到IPsec保护的通信将被发往这个对等体，可以设定多个Peer
Ruijie(config-crypto-map)# set transform-set transform-set-name1
//指定使用哪个定义的变换集合
Ruijie(config-crypto-map)#reverse-route [remote-peer ip-address]
//配置反向路由注入，在不允许配置明细静态路由的情况下，路由器可以采用方向路由注入方式加入路
由表中
```

4. 接口应用加密图

```
Ruijie(config-if)# crypto map map-name
//将加密映射集合应用于接口
```

3.2.2　VPN 案例解析

 【案例拓扑】

VPN 案例拓扑图如图 3-2 所示。

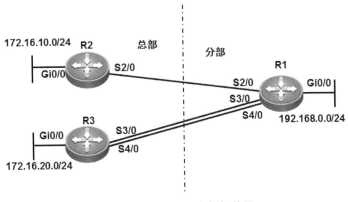

图 3-2　VPN 案例拓扑图

设备参数表如表 3-2 所示。

表 3-2　设备参数表

设　　备	设 备 接 口	IP　地　址	子 网 掩 码	说　　明
R2	Gi0/0	172.16.10.254	255.255.255.0	
	S2/0	10.1.2.1	255.255.255.252	
R3	Gi0/0	172.16.20.254	255.255.255.0	
	S3/0	10.1.3.1	255.255.255.252	捆绑组 1 号成员口
	S4/0	10.1.3.1	255.255.255.252	捆绑组 1 号成员口
R1	Gi0/0	192.168.0.254	255.255.255.0	
	S2/0	10.1.2.2	255.255.255.252	
	S3/0	10.1.3.2	255.255.255.252	捆绑组 1 号成员口
	S4/0	10.1.3.2	255.255.255.252	捆绑组 1 号成员口

【任务需求】

总部和分部之间使用 IPsec 对数据流进行加密，要求使用静态隧道模式，安全协议采用 ESP 协议，加密算法采用 3des，认证算法采用 md5，以 IKE 方式建立 IPsec SA。

在 R1 上配置的参数要求如下。

- ACL 编号为 103。
- 预共享密钥为明文 ruijie。
- IPsec 加密映射集合为 Myset。
- R1、R2 间 IPsec 加密图为 To_R2。
- R1、R3 间 IPsec 加密图为 To_R3。
- 启用 DPD 探测，探测周期为 10s，使用周期探测模式。

在 R2 和 R3 上配置的参数要求如下。

- ACL 编号为 103。
- 预共享密钥为明文 ruijie。
- IPsec 加密映射集合为 Myset。
- IPsec 加密图为 Mymap。

【任务实施】

1. 路由部署

```
R1(config)#ip route 172.16.10.0 255.255.255.0 10.1.2.1
R1(config)#ip route 172.16.20.0 255.255.255.0 10.1.3.1
R2(config)#ip route 192.168.0.0 255.255.255.0 10.1.2.2
R3(config)#ip route 192.168.0.0 255.255.255.0 10.1.3.2
```

2. VPN 数据流定义

```
R1(config)#ip access-list extended 103
R1(config-ext-nacl)#10 permit ip 192.168.0.0 0.0.0.255 172.16.10.0 0.0.0.255
R1(config-ext-nacl)#20 permit ip 192.168.0.0 0.0.0.255 172.16.20.0 0.0.0.255
R2(config)#ip access-list extended 103
R2(config-ext-nacl)#10 permit ip 172.16.10.0 0.0.0.255 192.168.0.0 0.0.0.255
R3(config)#ip access-list extended 103
R3(config-ext-nacl)#10 permit ip 172.16.20.0 0.0.0.255 192.168.0.0 0.0.0.255
```

3. 配置 IKE

- R1 的 IKE。

```
R1(config)#crypto isakmp enable
//启用isakmp
R1(config)#crypto isakmp policy 10
//定义isakmp策略10
R1(isakmp-policy)#authentication pre-share
//预共享密钥模式
R1(isakmp-policy)#encryption 3des
//加密算法为3des
R1(isakmp-policy)#hash md5
//认证算法为md5
R1(isakmp-policy)#exit
R1(config)#crypto isakmp keepalive 10 periodic
//启动isakmp的DPD探测，并配置探测周期为10s，模式为周期探测
R1(config)#crypto isakmp key 0 ruijie address 0.0.0.0 0.0.0.0
//配置isakmp密钥与对端设备IP，因为对端有多台设备，所以可以匹配所有网段
```

- R2 的 IKE。

```
R2(config)#crypto isakmp enable
R2(config)#crypto isakmp policy 10
R2(isakmp-policy)#authentication pre-share
R2(isakmp-policy)#encryption 3des
R2(isakmp-policy)#hash md5
R2(isakmp-policy)#exit
R2(config)#crypto isakmp key 0 ruijie address 10.1.2.2
```

- R3 的 IKE。

```
R3(config)#crypto isakmp enable
R3(config)#crypto isakmp policy 10
R3(isakmp-policy)#authentication pre-share
R3(isakmp-policy)#encryption 3des
R3(isakmp-policy)#hash md5
R3(isakmp-policy)#exit
R3(config)#crypto isakmp key 0 ruijie address 10.1.3.2
```

4. 定义变换集合

```
R1(config)#crypto ipsec transform-set Myset esp-3des esp-md5-hmac
R2(config)#crypto ipsec transform-set Myset esp-3des esp-md5-hmac
R3(config)#crypto ipsec transform-set Myset esp-3des esp-md5-hmac
```

5. 定义加密图与应用

- R1 的加密图与应用。

```
R1(config)#crypto map To_R2 10 ipsec-isakmp
//创建名为To_R2的加密图，序号为10，类型为ipsec-isakmp
R1(config-crypto-map)#set peer 10.1.2.1
//配置对端IP地址
R1(config-crypto-map)#set transform-set Myset
//使用加密映射集合Myset
R1(config-crypto-map)#match address 103
//配置感兴趣的数据流
R1(config-crypto-map)#exit
R1(config)#interface serial 2/0
R1(config-if-Serial 2/0)#crypto map To_R2
//在设备对应出接口应用相应映射
R1(config)#crypto map To_R3 10 ipsec-isakmp
R1(config-crypto-map)#set peer 10.1.3.1
R1(config-crypto-map)#set transform-set Myset
R1(config-crypto-map)#match address 103
```

```
R1(config-crypto-map)#exit
R1(config)#interface multilink 1
R1(config-if-multilink 1)#crypto map To_R3
```

- R2 的加密图与应用。

```
R2(config)#crypto map Mymap 10 ipsec-isakmp
R2(config-crypto-map)#set peer 10.1.2.2
R2(config-crypto-map)#set transform-set Myset
R2(config-crypto-map)#match address 103
R2(config-crypto-map)#exit
R2(config)#interface serial 2/0
R2(config-if-Serial 2/0)#crypto map Mymap
```

- R3 的加密图与应用。

```
R3(config)#crypto map Mymap 10 ipsec-isakmp
R3(config-crypto-map)#set peer 10.1.3.2
R3(config-crypto-map)#set transform-set Myset
R3(config-crypto-map)#match address 103
R3(config-crypto-map)#exit
R3(config)#interface multilink 1
R3(config-if-multilink 1)#crypto map Mymap
```

6. 实验调试

- 显示 isakmp 策略。

```
R1#show crypto isakmp policy
Protection suite of priority 10
  encryption algorithm:   Three key triple DES.
//加密算法3des
  hash algorithm:         Message Digest 5
//HASH算法md5
  authentication method:  Pre-Shared Key
//预共享密钥
  Diffie-Hellman group:   #1 (768 bit)
  lifetime:               86400 seconds
Default protection suite
  encryption algorithm:   DES - Data Encryption Standard (56 bit keys).
  hash algorithm:         Secure Hash Standard
  authentication method:  Rsa-Sig
  Diffie-Hellman group:   #1 (768 bit)
  lifetime:               86400 seconds
//生存时间，即重认证时间
```

- 显示 IPsec 加密映射集合。

```
R1#show crypto ipsec transform-set
transform set Myset: { esp-md5-hmac,esp-3des,}
//加密映射集合Myset
      will negotiate = {Tunnel,}
```

- 显示加密图。

```
R1#show crypto map

Crypto Map:"To_R2" 10 ipsec-isakmp, (Complete)
//加密图名称
      Extended IP access list 103
//VPN加密流量ACL
      Security association lifetime: 4608000 kilobytes/3600 seconds(id=3)
      PFS (Y/N): N
      Transform sets = { Myset,  }
//使用的加密映射集合
      Interfaces using crypto map To_R2:
            Serial 2/0
//加密图使用的接口
Crypto Map:"To_R3" 10 ipsec-isakmp, (Complete)
      Extended IP access list 103
      Security association lifetime: 4608000 kilobytes/3600 seconds(id=5)
      PFS (Y/N): N
      Transform sets = { Myset,  }

      Interfaces using crypto map To_R3:
            multilink 1
```

- 显示 IPsec 会话情况。

```
R1#show crypto ipsec sa

Interface: multilink 1
      Crypto map tag:To_R3
      local ipv4 addr 10.1.3.2
      media mtu 1500

      ================================
      sub_map type:static, seqno:10, id=2
      local  ident (addr/mask/prot/port): (192.168.0.0/0.0.0.255/0/0))
      remote  ident (addr/mask/prot/port): (172.16.10.0/0.0.0.255/0/0))
```

```
        PERMIT
        #pkts encaps: 0, #pkts encrypt: 0, #pkts digest 0
        #pkts decaps: 0, #pkts decrypt: 0, #pkts verify 0
        #send errors 0, #recv errors 0


        No sa is created now.


        ================================
        sub_map type:static, seqno:10, id=3
        local  ident (addr/mask/prot/port): (192.168.0.0/0.0.0.255/0/0))
        remote  ident (addr/mask/prot/port): (172.16.20.0/0.0.0.255/0/0))
        PERMIT
        #pkts encaps: 23, #pkts encrypt: 23, #pkts digest 23
        #pkts decaps: 23, #pkts decrypt: 23, #pkts verify 23
        #send errors 0, #recv errors 0
```
//以上是该接口的加解密数据包流量统计情况
```
        Inbound esp sas:
```
//入方向的ESP安全会话
```
            spi:0xc01ba5e (201439838)
```
//区别会话的编号
```
            transform: esp-3des esp-md5-hmac
```
//加密映射集合情况
```
            in use settings={Tunnel Encaps,}
```
//隧道模式
```
            crypto map To_R3 10
            sa timing: remaining key lifetime (k/sec): (4606994/3016)
```
//剩余的生存时间
```
            IV size: 8 bytes
            Replay detection support:Y


        Outbound esp sas:
```
//出方向的ESP安全会话
```
            spi:0x4d8cf2ed (1301082861)
            transform: esp-3des esp-md5-hmac
            in use settings={Tunnel Encaps,}
            crypto map To_R3 10
            sa timing: remaining key lifetime (k/sec): (4606994/3016)
            IV size: 8 bytes
            Replay detection support:Y
Interface: Serial 2/0
        Crypto map tag:To_R2
        local ipv4 addr 10.1.2.2
```

```
media mtu 1500
===================================
sub_map type:static, seqno:10, id=0
local  ident (addr/mask/prot/port): (192.168.0.0/0.0.0.255/0/0))
remote  ident (addr/mask/prot/port): (172.16.10.0/0.0.0.255/0/0))
PERMIT
#pkts encaps: 11, #pkts encrypt: 11, #pkts digest 11
#pkts decaps: 11, #pkts decrypt: 11, #pkts verify 11
#send errors 0, #recv errors 0


Inbound esp sas:
    spi:0x30b30c62 (817040482)
     transform: esp-3des esp-md5-hmac
     in use settings={Tunnel Encaps,}
     crypto map To_R2 10
     sa timing: remaining key lifetime (k/sec): (4606997/2909)
     IV size: 8 bytes
     Replay detection support:Y


Outbound esp sas:
    spi:0x151fb54c (354399564)
     transform: esp-3des esp-md5-hmac
     in use settings={Tunnel Encaps,}
     crypto map To_R2 10
     sa timing: remaining key lifetime (k/sec): (4606997/2909)
     IV size: 8 bytes
     Replay detection support:Y
===================================
sub_map type:static, seqno:10, id=1
local  ident (addr/mask/prot/port): (192.168.0.0/0.0.0.255/0/0))
remote  ident (addr/mask/prot/port): (172.16.20.0/0.0.0.255/0/0))
PERMIT
#pkts encaps: 0, #pkts encrypt: 0, #pkts digest 0
#pkts decaps: 0, #pkts decrypt: 0, #pkts verify 0
#send errors 0, #recv errors 0


No sa is created now.
```

第 **4** 章
以太网交换技术

扫一扫,
看微课

4-1   以太网交换

当今企业网络中部署的大部分设备是交换机,交换机从结构上来说采用了扁平设计,方便企业的管理和维护。以太网的交换技术是目前企业网络中的关键技术,涉及网络安全、广播域隔离等许多问题。

4.1   链路聚合

将多个物理链接捆绑在一起形成一个逻辑链接,这个逻辑链接称为 Aggregate Port(聚合端口,简称 AP)。锐捷设备提供的 AP 功能符合 IEEE 802.3ad 标准,可以用于扩展链路带宽,提供更高的连接可靠性。

4.1.1   二层聚合配置

【配置命令解析】

```
Ruijie(config)# interface aggregateport ap-number
//创建一个Layer2 AP
Ruijie(config)# interface interface-type interface-number
//进入一个二层接口
Ruijie(config-if)# port-group ap-number
//将二层接口加入指定的Layer2 AP中
```

4.1.2   三层聚合配置

【配置命令解析】

```
Ruijie(config)# interface aggregateport ap-number
//创建一个Layer2 AP
Ruijie(config-if)# no switchport
```

```
//将Layer2 AP转化为Layer3 AP
Ruijie(config)# interface interface-type interface-number
//进入一个二层接口
Ruijie(config-if)# no switchport
//将二层接口转化为三层接口
Ruijie(config-if)# port-group ap-number
//将三层接口加入Layer3 AP
```

4.1.3 配置 AP 的流量平衡

【配置命令解析】

```
Ruijie(config)# aggregateport load-balance {dst-mac | src-mac | src-dst-mac |
dst-ip | src-ip | src-dst-ip | src-port | src-dst-ip-l4port | mpls-label }
//配置AP的流量平衡算法，可以基于MAC地址或IP地址等进行负载均衡
```

4.2 VLAN 技术

VLAN（Virtual Local Area Network，虚拟局域网）技术中的第一个字母 V 很好地诠释了这项技术的核心，即将较大的网络从逻辑上而非物理上划分为多个较小的网络，从而实现虚拟工作组。VLAN 具有和普通物理网络同样的属性，除没有物理位置的限制外，它和普通局域网一样。第二层的单播、广播和多播帧在一个 VLAN 内转发、扩散，而不会直接进入其他的 VLAN 内。

4.2.1 VLAN 配置

【配置命令解析】

```
Ruijie(config)# vlan vlan-id
//创建一个VLAN，如果输入的是已经存在的VLAN ID，则修改相应的VLAN，VLAN的ID范围为1~4094
Ruijie(config-vlan)# name vlan-name
Ruijie(config-vlan)# add interface { interface-id | range interface-range }
//向当前VLAN 中添加一个或一组access口。在默认情况下，所有二层以太网口都属于VLAN1
Ruijie(config)# interface interface-type interface-number
选择要加入VLAN的接口
Ruijie(config-if)# switchport mode access
//定义该接口的模式是二层access口
Ruijie(config-if)# switchport access vlan vlan-id
//将某个接口分配给指定的VLAN
```

4.2.2 Trunk 技术

Trunk 技术的主要功能是实现多 VLAN 跨越交换机的通信。一个 Trunk 是将一个或多

71

个以太网交换接口和其他的网络设备（如交换机）进行连接的点对点链路，使用 Trunk 后，交换机之间只需要一根网线就可以实现多个 VLAN 的通信。

【配置命令解析】

```
Ruijie(config)# interface interface-type interface-number
//进入二层接口
Ruijie(config-if)# switchport mode trunk
//将一个接口配置成Trunk模式，接口默认情况下是工作在access模式的
Ruijie(config-if)# switchport trunk native vlan vlan-id
//为这个接口指定一个Native VLAN，Native VLAN是指在这个接口上收发的UNTAG报文，都被认为
是属于这个VLAN的，默认情况下Trunk链路的Native VLAN是VLAN1
Ruijie(config-if)# switchport trunk allowed vlan {all | [add | remove | except] }
vlan-list
配置这个Trunk口的许可VLAN列表
```

4.3 私有 VLAN

私有 VLAN（Private VLAN）将一个 VLAN 的二层广播域划分成多个子域，每个子域都由一个私有 VLAN 对组成：主 VLAN（Primary VLAN）和辅助 VLAN（Secondary VLAN）。一个私有 VLAN 域可以有多个私有 VLAN 对，每一个私有 VLAN 对代表一个子域。在一个私有 VLAN 域中，所有的私有 VLAN 对共享同一个主 VLAN。

【配置命令解析】

1. 配置私有 VLAN

```
Ruijie(config)# vlan vid
//进入VLAN
Ruijie(config-vlan)# private-vlan{community | isolated| primary}
//配置私有VLAN类型。一个私有VLAN域中只有一个主VLAN，isolated和community是两种类型的辅
助VLAN，同一个隔离VLAN中的接口不能互相进行二层通信，同一个群体VLAN中的接口可以互相进行二
层通信，但不能与其他群体VLAN 中的接口进行二层通信。
```

2. 关联辅助 VLAN 和主 VLAN

```
Ruijie(config)# vlan p_vid
//进入主VLAN配置模式
Ruijie(config-vlan)# private-vlan association {svlist | add svlist | remove svlist}
//关联辅助VLAN
```

3. 映射辅助 VLAN 和主 VLAN 的三层接口

```
Ruijie(config)# interface vlan p_vid
//进入主VLAN的接口模式
```

```
Ruijie(config-if)# private-vlan mapping {svlist | add svlist | remove svlist}
//映射辅助VLAN 到主VLAN 的SVI三层交换
```

4. 配置二层接口作为私有 VLAN 的主机接口

```
Ruijie(config-if)# switchport mode private-vlan host
//将接口配置为二层交换模式
Ruijie(config-if)# switchport private-vlan host-association p_vid s_vid
//关联二层接口与私有VLAN
```

4.4 交换技术案例解析

 【案例拓扑】

案例拓扑图如图 4-1 所示。

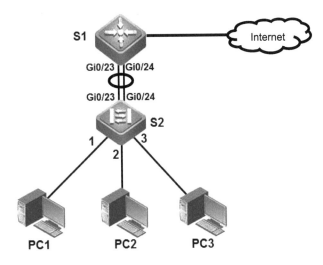

图 4-1　案例拓扑图

设备参数表如表 4-1 所示。

表 4-1　设备参数表

设　　备	接口或 VLAN	VLAN 名称	二层或三层规划	说　　明
S1	VLAN10	pvlan	192.168.10.254/24	
	VLAN100	manage	192.168.100.254/24	设备管理 VLAN
S2	VLAN10			Primary VLAN
	VLAN11		Gi0/1 至 Gi0/2	Community VLAN
	VLAN12		Gi0/3 至 Gi0/4	Isolated VLAN
	VLAN100	manage	192.168.100.1/24	设备管理 VLAN

设 备	接口或 VLAN	VLAN 名称	二层或三层规划	说 明
PC1	NIC		192.168.10.1/24	
PC2	NIC		192.168.10.2/24	
PC3	NIC		192.168.10.3/24	

【任务需求】

某小型企业内部通过三层交换机接入网络，构成单核心出口，企业内部设备配置要求如下。

- 通过链路聚合技术增加链路带宽；
- 配置合理，Trunk 链路上不允许不必要的 VLAN 的数据流通过；
- 为节省 IP 资源，隔离广播风暴、病毒攻击，控制接口二层互访，S1、S2 交换机使用私有 VLAN。

【任务实施】

1. 基础配置部署

- S1 的 VLAN 与接口。

```
S1(config)#vlan 10
S1(config-vlan)#name pvlan
S1(config-vlan)#exit
S1(config)#vlan 100
//创建设备管理VLAN
S1(config-vlan)#name manage
S1(config)#interface vlan 10
S1(config-if-VLAN 10)#ip address 192.168.10.254 255.255.255.0
S1(config-if-VLAN 10)#exit
S1(config)#interface vlan 100
S1(config-if-VLAN 100)#ip address 192.168.100.254 255.255.255.0
```

- S2 的 VLAN 与接口。

```
S2(config)#vlan 100
S2(config-vlan)#name manage
S2(config-vlan)#exit
S2(config)#interface vlan 100
S2(config-if-VLAN 100)#ip address 192.168.100.1 255.255.255.0
```

2. 链路聚合配置

- S1 的聚合。

```
S1(config)#interface aggregateport 1
//创建二层聚合接口
S1(config-if-AggregatePort 1)#switchport mode trunk
S1(config-if-AggregatePort 1)#switchport trunk allowed vlan only 10,11,12,100
//配置中继链路，不允许不必要的数据流通过，可以通过only、add、remove命令来控制VLAN数据流
的通过
S1(config-if-AggregatePort 1)#exit
S1(config)#interface range gigabitEthernet 0/23-24
S1(config-if-range)#port-group 1
//将接口加入聚合组
```

- S2 的聚合。

```
S2(config)#interface aggregateport 1
S2(config-if-AggregatePort 1)#switchport mode trunk
S2(config-if-AggregatePort 1)#switchport trunk allowed vlan only 10,11,12,100
S2(config-if-AggregatePort 1)#exit
S2(config)#interface range gigabitEthernet 0/23-24
S2(config-if-range)#port-group 1
```

3. 私有 VLAN 部署

- S1 配置私有 VLAN。

```
S1(config)#vlan 11
S1(config-vlan)#private-vlan community
//配置VLAN11为私有VLAN的群体VLAN
S1(config-vlan)#name Community_vlan
S1(config-vlan)#exit
S1(config)#vlan 12
S1(config-vlan)#private-vlan isolated
//配置VLAN12为私有VLAN的隔离VLAN
S1(config-vlan)#name Isolated_vlan
S1(config-vlan)#exit
S1(config)#vlan 10
S1(config-vlan)#private-vlan primary
//配置VLAN10为私有VLAN的主VLAN
S1(config-vlan)#private-vlan association add 11-12
//建立主VLAN10和辅助VLAN11、VLAN12的二层关联
S1(config-vlan)#exit
S1(config)#interface vlan 10
```

```
S1(config-if-VLAN 10)#private-vlan mapping add 11-12
//建立主VLAN10和辅助VLAN11、VLAN12的三层关联
```

- S2 配置私有 VLAN。

```
S2(config)#vlan 11
S2(config-vlan)#private-vlan community
S2(config-vlan)#name Community_vlan
S2(config-vlan)#exit
S2(config)#vlan 12
S2(config-vlan)#private-vlan isolated
S2(config-vlan)#name Isolated_vlan
S2(config-vlan)#exit
S2(config)#vlan 10
S2(config-vlan)#private-vlan primary
S2(config-vlan)#private-vlan association add 11-12
S2(config-vlan)#exit
S2(config)#interface range gigabitEthernet 0/1-2
S2(config-if-range)#switchport mode private-vlan host
//配置接口为二层交换模式
S2(config-if-range)#switchport private-vlan host-association 10 11
//关联二层接口与私有VLAN
S2(config-if-range)#exit
S2(config)#interface range gigabitEthernet 0/3-4
S2(config-if-range)#switchport mode private-vlan host
S2(config-if-range)#switchport private-vlan host-association 10 12
```

4. 实验调试

（1）查看私有 VLAN 信息。

```
S1#show vlan private-vlan

VLAN Type       Status   Routed   Ports                          Associated VLANs
----- ---------- -------- -------- ------------------------------ ------------------
10    primary    active   Enabled  Ag1                            11-12
11    community  active   Enabled  Ag1                            10
12    isolated   active   Enabled  Ag1                            10
```

以上输出结果显示了私有 VLAN 的名称及关联属性。

（2）查看 VLAN 信息。

```
S2(config)#show vlan
VLAN Name                            Status   Ports
```

```
----  --------------------------------  ---------
----------------------------------------
  1 VLAN0001                            STATIC    Gi0/5, Gi0/6, Gi0/7, Gi0/8
                                                  Gi0/9, Gi0/10, Gi0/11, Gi0/12
                                                  Gi0/13, Gi0/14, Gi0/15, Gi0/16
                                                  Gi0/17, Gi0/18, Gi0/19, Gi0/20
                                                  Gi0/21, Gi0/22, Te0/25, Te0/26
                                                  Te0/27, Te0/28
 10 pvlan                               PRIVATE   Ag1
 11 Community_vlan                      PRIVATE   Gi0/1, Gi0/2, Ag1
 12 Isolated_vlan                       PRIVATE   Gi0/3, Gi0/4, Ag1
100 manage                             STATIC    Ag1
```

以上输出结果显示了私有 VLAN 的状态及接口的状态。

（3）ping 测试。

PC1 分别与 PC2、PC3 进行 ping 测试，测试结果如图 4-2、图 4-3 所示。

图 4-2 群体 VLAN 内部通信

图 4-3 群体 VLAN 之间通信

以上输出结果显示了私有 VLAN 达到的隔离效果，在同一个群体内部，用户可以互访，而群体之间的用户彼此隔离，不能互访。

第 **5** 章
交换机生成树与 VRRP

扫一扫，
看微课

5-1　生成树与 VRRP

STP（Spanning Tree Protocol，生成树协议，IEEE 802.1D）的用途主要是解决冗余网络中交换设备带来的第二层环路问题。通过采用逻辑阻塞物理接口的办法，STP 能够确保交换网络中两个信息点之间有且仅有一条转发路径，避免网络中环路的出现。如果网络中某条链路失效，那么原先处于阻塞状态的备份接口将转变为转发状态，从而最大限度地保障网络的正常运行。

VRRP（Virtual Router Redundancy Protocol，虚拟路由冗余协议）采用主备模式，保证当主路由设备发生故障时，备份路由设备可以在不影响内外数据通信的前提下进行功能切换，且不需要修改内部网络的参数。

MSTP+VRRP 是非常重要也是非常普遍的一种技术组合方式，在很多工程案例中都被广泛采用。

5.1　MSTP

MSTP（Multiple Spanning Tree Protocol，多生成树协议，IEEE 802.1s）是国际标准化组织 IEEE 将 802.1w 的快速生成树算法扩展到多个生成树上的一种应用协议。MSTP 在交换网络中创建多个生成树实例，但不像 PVST+那样为每个 VLAN 创建一个 STP 实例，这样做的主要目的是降低与网络的物理拓扑匹配的生成树实例总数。

5.1.1　MSTP 基础配置

【配置命令解析】

```
Ruijie(config)# spanning-tree
//启用STP协议，锐捷设备默认启用了STP
Ruijie(config)# spanning-tree mode mstp / rstp / stp
```

```
//切换模式，设备默认启用模式是MSTP
Ruijie(config)# spanning-tree mst configuration
//进入MST配置模式
Ruijie(config-mst)# instance instance-id vlan vlan-range
//把VLAN组添加到一个MST instance中，instance-id的范围为0~64，vlan-range的范围为1~4094
Ruijie(config-mst)# name name
//指定MST配置名称，该字符串最多可以有32个字节
Ruijie(config-mst)# revision version
//指定MST revision number，范围为0~65535，默认值是0
Ruijie(config)# spanning-tree [mst instance-id ] priority priority
//针对不同的instance配置设备的优先级，优先级用于生成树计算，取值必须是4096的整数倍，最小
值为0，默认值为32768
```

5.1.2　生成树优化与安全

【配置命令解析】

```
Ruijie(config-if)# spanning-tree portfast
打开接口的portfast，该接口直接进入转发状态，但会因为收到BPDU而变为禁用状态，从而正常的STP
算法进入转发状态，该功能一般会与BPDU Guard一起使用
Ruijie(config)# spanning-tree portfast bpduguard default
//全局打开BPDU Guard，当接口打开BPDU Guard后，如果在该接口上收到BPDU，则该接口会进入
Err-Disabled 状态
Ruijie(config-if)# spanning-tree bpduguard enable
//接口启用BPDU Guard功能
Ruijie(config)# errdisable recovery [ interval time ]
//当接口违规关闭后，指定接口自动恢复时间间隔
Ruijie(config)# spanning-tree portfast bpdufilter default
//当打开BPDU Filter后，相应接口既不发BPDU，也不收BPDU
Ruijie(config-if)# spanning-tree bpdufilter enable
//接口启用BPDU Filter功能
```

5.2　VRRP

　　VRRP 采用主备模式构建虚拟路由设备，VRRP 组内的多个路由设备映射为一个虚拟的路由设备。VRRP 保证同时有且只有一个路由设备在代表虚拟路由设备进行数据包的发送，主机把数据包发向该虚拟路由设备，这个转发数据包的路由设备被选择成为主路由设备。如果这个主路由设备在某个时候由于某种原因而无法工作的话，则处于备份状态的路由设备将代替原来的主路由设备。VRRP 使得局域网内的主机看上去只使用了一个路由设备，并且在主机当前所使用的首跳路由设备失败的情况下仍能够保持路由的连通性。

5.2.1　VRRP 基础配置

【配置命令解析】

```
Ruijie(config)# interface interface-type interface-number
//进入三层接口，可以是SVI
Ruijie(config-if)# vrrp group ip ipaddress [ secondary ]
//启用VRRP组，组号取值范围为1~255
Ruijie(config-if)# vrrp group priority level
//配置VRRP组的优先级，取值范围为1~254，默认值为100
Ruijie(config-if)# vrrp group preempt [ delay seconds ]
//配置VRRP抢占模式，其默认工作在抢占模式。如果VRRP工作在抢占模式下，那么一旦它发现自己的优
先级高于当前Master的优先级，它将抢占成为该VRRP组的主路由设备
```

5.2.2　VRRP 优化

【配置命令解析】

```
Ruijie(config-if)# vrrp group authentication string
//配置VRRP认证字符串
Ruijie(config-if)# vrrp group track interface-type interface-number [ interface-
priority ]
//配置VRRP组监视的接口，参数interface -priority的取值范围为1~255。如果参数
interface-priority缺省，则系统会取默认值，即10
```

5.3　MSTP+VRRP 案例解析

【案例拓扑】

案例拓扑图如图 5-1 所示。

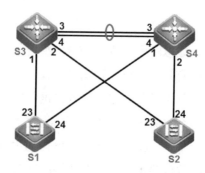

图 5-1　案例拓扑图

设备参数表如表 5-1 所示。

表 5-1　设备参数表

设　　备	接口或 VLAN	VLAN 名称	二层或三层规划	说　　明
S1	VLAN10	RF	Gi0/1 至 Gi0/4	研发
	VLAN20	Sales	Gi0/5 至 Gi0/8	市场
	VLAN30	Supply	Gi0/9 至 Gi0/12	供应链
	VLAN40	Service	Gi0/13 至 Gi0/16	售后
	VLAN100	Manage	192.168.100.2/24	设备管理 VLAN
S2	VLAN10	RF	Gi0/1 至 Gi0/4	研发
	VLAN20	Sales	Gi0/5 至 Gi0/8	市场
	VLAN30	Supply	Gi0/9 至 Gi0/12	供应链
	VLAN40	Service	Gi0/13 至 Gi0/16	售后
	VLAN100	Manage	192.168.100.3/24	设备管理 VLAN
S3	VLAN10	RF	192.168.10.252/24	研发
	VLAN20	Sales	192.168.20.252/24	市场
	VLAN30	Supply	192.168.30.252/24	供应链
	VLAN40	Service	192.168.40.252/24	售后
	VLAN100	Manage	192.168.100.252/24	设备管理 VLAN
	Gi0/3	Trunk		AG1 成员口
	Gi0/4	Trunk		AG1 成员口
S4	VLAN10	RF	192.168.10.253/24	研发
	VLAN20	Sales	192.168.20.253/24	市场
	VLAN30	Supply	192.168.30.253/24	供应链
	VLAN40	Service	192.168.40.253/24	售后
	VLAN100	Manage	192.168.100.253/24	设备管理 VLAN
	Gi0/3	Trunk		AG1 成员口
	Gi0/4	Trunk		AG1 成员口

【任务需求】

某小型公司总部采用双核心应用方案，核心交换机采用两台 S5750，分别是 S3、S4，两台 S2910 交换机 S1 与 S2 作为接入交换机，应用 MSTP+VRRP 高可靠性解决方案，具体配置要求如下。

- 在交换机上配置 MSTP 防止二层环路，要求所有数据流经过 S4 转发，当 S4 失效时经过 S3 转发。
- region-name 为 ruijie。
- revision 版本号为 1。

- 实例值为 1。
- S4 作为实例中的主根， S3 作为实例中的从根。
- 在 S3 和 S4 上配置 VRRP，实现主机的网关冗余，VRRP 参数表如表 5-2 所示。

表 5-2 VRRP 参数表

VLAN	VRRP 备份组号（VRID）	VRRP 虚拟 IP
VLAN10	10	192.168.10.254
VLAN20	20	192.168.20.254
VLAN30	30	192.168.30.254
VLAN40	40	192.168.40.254
VLAN100（交换机间）	100	192.168.100.254

- S4 作为所有主机的实际网关，S3 作为所有主机的备份网关。其中各 VRRP 组中高优先级配置为 150，低优先级配置为 120。

为规避网络末端接入设备出现环路，要求对接入设备 S1、S2 进行防环处理，具体要求如下。

- 终端接口开启 BPDU 防护，不能接收 BPDU Guard 报文。
- 连接终端的所有接口配置为边缘接口。
- 如果接口被 BPDU Guard 检测进入 Err-Disabled 状态，则过 300s 后会自动恢复，重新检测是否有环路。

【任务实施】

1. 基础配置
- S1 的基础配置。

```
S1(config)#vlan 10
S1(config-vlan)#name RF
S1(config-vlan)#vlan 20
S1(config-vlan)#name Sales
S1(config-vlan)#vlan 30
S1(config-vlan)#name Supply
S1(config-vlan)#vlan 40
S1(config-vlan)#name Service
S1(config-vlan)#vlan 100
S1(config-vlan)#name Manage
S1(config-vlan)#interface range gigabitEthernet 0/1-4
S1(config-if-range)#switchport mode access
S1(config-if-range)#switchport access vlan 10
```

```
S1(config-if-range)#interface range gigabitEthernet 0/5-8
S1(config-if-range)#switchport mode access
S1(config-if-range)#switchport access vlan 20
S1(config-if-range)#interface range gigabitEthernet 0/9-12
S1(config-if-range)#switchport mode access
S1(config-if-range)#switchport access vlan 30
S1(config-if-range)#interface range gigabitEthernet 0/13-16
S1(config-if-range)#switchport mode access
S1(config-if-range)#switchport access vlan 40
S1(config-if-range)#interface range GigabitEthernet 0/23-24
S1(config-if-range)#switchport mode trunk
S1(config-if-range)#switchport trunk allowed vlan only 10,20,30,40,100
S1(config-if-range)#exit
S1(config)#interface vlan 100
S1(config-if-VLAN 100)#ip address 192.168.100.2 255.255.255.0
```

- S2 的基础配置。

```
S2(config)#vlan 10
S2(config-vlan)#name RF
S2(config-vlan)#vlan 20
S2(config-vlan)#name Sales
S2(config-vlan)#vlan 30
S2(config-vlan)#name Supply
S2(config-vlan)#vlan 40
S2(config-vlan)#name Service
S2(config-vlan)#vlan 100
S2(config-vlan)#name Manage
S2(config-vlan)#interface range gigabitEthernet 0/1-4
S2(config-if-range)#switchport mode access
S2(config-if-range)#switchport access vlan 10
S2(config-if-range)#interface range gigabitEthernet 0/5-8
S2(config-if-range)#switchport mode access
S2(config-if-range)#switchport access vlan 20
S2(config-if-range)#interface range gigabitEthernet 0/9-12
S2(config-if-range)#switchport mode access
S2(config-if-range)#switchport access vlan 30
S2(config-if-range)#interface range gigabitEthernet 0/13-16
S2(config-if-range)#switchport mode access
S2(config-if-range)#switchport access vlan 40
S2(config-if-range)#interface range GigabitEthernet 0/23-24
S2(config-if-range)#switchport mode trunk
S2(config-if-range)#switchport trunk allowed vlan only 10,20,30,40,100
```

```
S2(config-if-range)#exit
S2(config)#interface vlan 100
S2(config-if-VLAN 100)#ip address 192.168.100.3 255.255.255.0
```

- S3 的基础配置。

```
S3(config)#vlan 10
S3(config-vlan)#name RF
S3(config-vlan)#vlan 20
S3(config-vlan)#name Sales
S3(config-vlan)#vlan 30
S3(config-vlan)#name Supply
S3(config-vlan)#vlan 40
S3(config-vlan)#name Service
S3(config-vlan)#vlan 100
S3(config-vlan)#name Manage
S3(config-vlan)#interface aggregateport 1
S3(config-if-AggregatePort 1)#switchport mode trunk allowed vlan only
10,20,30,40,100
S3(config-if-AggregatePort 1)#interface range GigabitEthernet 0/3-4
S3(config-if-range)#port-group 1
S3(config-if-range)#interface range GigabitEthernet 0/1-2
S3(config-if-range)#switchport mode trunk
S3(config-if-range)#switchport trunk allowed vlan only 10,20,30,40,100
S3(config-if-range)#interface vlan 10
S3(config-if-VLAN 10)#ip address 192.168.10.252 255.255.255.0
S3(config-if-VLAN 10)#interface vlan 20
S3(config-if-VLAN 20)#ip address 192.168.20.252 255.255.255.0
S3(config-if-VLAN 20)#interface vlan 30
S3(config-if-VLAN 30)#ip address 192.168.30.252 255.255.255.0
S3(config-if-VLAN 30)#interface vlan 40
S3(config-if-VLAN 40)#ip address 192.168.40.252 255.255.255.0
S3(config-if-VLAN 40)#interface vlan 100
S3(config-if-VLAN 100)#ip address 192.168.100.252 255.255.255.0
```

- S4 的基础配置。

```
S4(config)#vlan 10
S4(config-vlan)#name RF
S4(config-vlan)#vlan 20
S4(config-vlan)#name Sales
S4(config-vlan)#vlan 30
S4(config-vlan)#name Supply
S4(config-vlan)#vlan 40
```

```
S4(config-vlan)#name Service
S4(config-vlan)#vlan 100
S4(config-vlan)#name Manage
S4(config-vlan)#interface aggregateport 1
S4(config-if-AggregatePort 1)#switchport mode trunk allowed vlan only
10,20,30,40,100
S4(config-if-AggregatePort 1)#interface range GigabitEthernet 0/3-4
S4(config-if-range)#port-group 1
S4(config-if-range)#interface range GigabitEthernet 0/1-2
S4(config-if-range)#switchport mode trunk
S4(config-if-range)#switchport trunk allowed vlan only 10,20,30,40,100
S4(config-if-range)#interface vlan 10
S4(config-if-VLAN 10)#ip address 192.168.10.253 255.255.255.0
S4(config-if-VLAN 10)#interface vlan 20
S4(config-if-VLAN 20)#ip address 192.168.20.253 255.255.255.0
S4(config-if-VLAN 20)#interface vlan 30
S4(config-if-VLAN 30)#ip address 192.168.30.253 255.255.255.0
S4(config-if-VLAN 30)#interface vlan 40
S4(config-if-VLAN 40)#ip address 192.168.40.253 255.255.255.0
S4(config-if-VLAN 40)#interface vlan 100
S4(config-if-VLAN 100)#ip address 192.168.100.253 255.255.255.0
```

2. 生成树 MSTP 配置

- S1 的生成树配置。

```
S1(config)#spanning-tree
//启用生成树协议
S1(config)#spanning-tree mode mstp
//配置生成树的模式为MSTP（默认）
S1(config)#spanning-tree mst configuration
//进入MST配置模式
S1(config-mst)#revision 1
//配置版本号为1
S1(config-mst)#name ruijie
//MST名称为ruijie
S1(config-mst)#instance 1 vlan 10,20,30,40,100
//配置实例1映射的VLAN
```

- S2 的生成树配置。

```
S2(config)#spanning-tree
S2(config)#spanning-tree mode mstp
S2(config)#spanning-tree mst configuration
S2(config-mst)#revision 1
```

```
S2(config-mst)#name ruijie
S2(config-mst)#instance 1 vlan 10,20,30,40,100
```

- S3 的生成树配置。

```
S3(config)#spanning-tree
S3(config)#spanning-tree mode mstp
S3(config)#spanning-tree mst configuration
S3(config-mst)#revision 1
S3(config-mst)#name ruijie
S3(config-mst)#instance 1 vlan 10,20,30,40,100
S3(config-mst)#spanning-tree mst 1 priority 4096
//配置S3的实例1的优先级为4096，确保S3成为生成树的备份根
```

- S4 的生成树配置。

```
S4(config)#spanning-tree
S4(config)#spanning-tree mode mstp
S4(config)#spanning-tree mst configuration
S4(config-mst)#revision 1
S4(config-mst)#name ruijie
S4(config-mst)#instance 1 vlan 10,20,30,40,100
S4(config)#spanning-tree mst 1 priority 0
//配置S4实例1的优先级为0，确保S4成为生成树的根
```

3. VRRP 配置

- S3 的 VRRP 配置。

```
S3(config)#interface vlan 10
S3(config-if-VLAN 10)#vrrp 10 ip 192.168.10.254
S3(config-if-VLAN 10)#vrrp 10 priority 120
//配置VRRP优先级为120，让它成为备份网关
S3(config-if-VLAN 10)#interface vlan 20
S3(config-if-VLAN 20)#vrrp 20 ip 192.168.20.254
S3(config-if-VLAN 20)#vrrp 20 priority 120
S3(config-if-VLAN 20)#interface vlan 30
S3(config-if-VLAN 30)#vrrp 30 ip 192.168.30.254
S3(config-if-VLAN 30)#vrrp 30 priority 120
S3(config-if-VLAN 30)#interface vlan 40
S3(config-if-VLAN 40)#vrrp 40 ip 192.168.40.254
S3(config-if-VLAN 40)#vrrp 40 priority 120
S3(config-if-VLAN 40)#interface vlan 100
S3(config-if-VLAN 100)#vrrp 100 ip 192.168.100.254
S3(config-if-VLAN 100)#vrrp 100 priority 120
```

- S4 的 VRRP 配置。

```
S4(config)#interface vlan 10
S4(config-if-VLAN 10)#vrrp 10 ip 192.168.10.254
S4(config-if-VLAN 10)#vrrp 10 priority 150
//配置VRRP优先级为150，让它成为实际网关
S4(config-if-VLAN 10)#interface vlan 20
S4(config-if-VLAN 20)#vrrp 20 ip 192.168.20.254
S4(config-if-VLAN 20)#vrrp 20 priority 150
S4(config-if-VLAN 20)#interface vlan 30
S4(config-if-VLAN 30)#vrrp 30 ip 192.168.30.254
S4(config-if-VLAN 30)#vrrp 30 priority 150
S4(config-if-VLAN 30)#interface vlan 40
S4(config-if-VLAN 40)#vrrp 40 ip 192.168.40.254
S4(config-if-VLAN 40)#vrrp 40 priority 150
S4(config-if-VLAN 40)#interface vlan 100
S4(config-if-VLAN 100)#vrrp 100 ip 192.168.100.254
S4(config-if-VLAN 100)#vrrp 100 priority 150
```

4. 防环优化配置

- S1 的防环配置。

```
S1(config)#interface range GigabitEthernet 0/1-16
S1(config-if-range)#spanning-tree bpduguard enable
//在终端接口启动BPDU保护
S1(config-if-range)#spanning-tree portfast
//终端接口配置为边缘接口
S1(config-if-range)#exit
S1(config)#errdisable recovery interval 300
//配置BPDU Guard自动恢复时间间隔为300s
```

- S2 的防环配置。

```
S2(config)#interface range GigabitEthernet 0/1-16
S2(config-if-range)#spanning-tree bpduguard enable
S2(config-if-range)#spanning-tree portfast
S2(config-if-range)#exit
S2(config)#errdisable recovery interval 300
```

5. 实验调试

（1）生成树信息。

- S1 的生成树信息。

```
S1#show spanning-tree summary
```

```
Spanning tree enabled protocol mstp
MST 0 vlans map : 1-9, 11-19, 21-29, 31-39, 41-99, 101-4094
  Root ID    Priority    32768
             Address     5869.6cd5.75c7
             this bridge is root
             Hello Time  2 sec  Forward Delay 15 sec  Max Age 20 sec

  Bridge ID Priority     32768
             Address     5869.6cd8.0035
             Hello Time  2 sec  Forward Delay 15 sec  Max Age 20 sec


Interface          Role Sts Cost       Prio     OperEdge Type
---------------    ---- --- ---------- -------- -------- ----------------
Gi0/24             Altn BLK 20000      128      False    P2p
Gi0/23             Root FWD 20000      128      False    P2p
```

MST 1 vlans map : 10, 20, 30, 40, 100
//实例1对应的VLAN信息
  Region Root Priority   0
             Address   5869.6cd5.75ed
             this bridge is region root
//根桥是S4
```
  Bridge ID Priority     32768
             Address     5869.6cd8.0035
```
//自身的优先级是默认的32768
```
Interface          Role Sts Cost       Prio     OperEdge Type
---------------    ---- --- ---------- -------- -------- ----------------
Gi0/24             Root FWD 20000      128      False    P2p
```
//24号接口的角色为转发接口
```
Gi0/23             Altn BLK 20000      128      False    P2p
```
//23号接口成为阻塞接口

- S2 的生成树信息。

```
S2#show spanning-tree summary

Spanning tree enabled protocol mstp
MST 0 vlans map : 1-9, 11-19, 21-29, 31-39, 41-99, 101-4094
  Root ID    Priority    32768
             Address     5869.6cd5.75c7
             this bridge is root
             Hello Time  2 sec  Forward Delay 15 sec  Max Age 20 sec
```

```
  Bridge ID  Priority    32768
             Address     5869.6cd8.002f
             Hello Time  2 sec  Forward Delay 15 sec  Max Age 20 sec


Interface          Role Sts Cost      Prio      OperEdge Type
---------------- ---- --- ---------- -------- -------- ----------------
Gi0/24             Altn BLK 20000     128      False    P2p
Gi0/23             Root FWD 20000     128      False    P2p


MST 1 vlans map : 10, 20, 30, 40, 100
  Region Root Priority    0
             Address     5869.6cd5.75ed
             this bridge is region root


  Bridge ID  Priority    32768
             Address     5869.6cd8.002f


Interface          Role Sts Cost      Prio      OperEdge Type
---------------- ---- --- ---------- -------- -------- ----------------
Gi0/24             Root FWD 20000     128      False    P2p
Gi0/23             Altn BLK 20000     128      False    P2p
```

- S3 的生成树信息。

```
S3#show spanning-tree summary

Spanning tree enabled protocol mstp
MST 0 vlans map : 1-9, 11-19, 21-29, 31-39, 41-99, 101-4094
  Root ID    Priority    32768
             Address     5869.6cd5.75c7
             this bridge is root
             Hello Time  2 sec  Forward Delay 15 sec  Max Age 20 sec


  Bridge ID  Priority    32768
             Address     5869.6cd5.75c7
             Hello Time  2 sec  Forward Delay 15 sec  Max Age 20 sec


Interface          Role Sts Cost      Prio      OperEdge Type
---------------- ---- --- ---------- -------- -------- ----------------
Ag1                Desg FWD 19000     128      False    P2p
Gi0/2              Desg FWD 20000     128      False    P2p
Gi0/1              Desg FWD 20000     128      False    P2p
```

```
MST 1 vlans map : 10, 20, 30, 40, 100
  Region Root Priority    0
            Address    5869.6cd5.75ed
            this bridge is region root


  Bridge ID  Priority    4096
            Address    5869.6cd5.75c7


Interface        Role Sts Cost      Prio    OperEdge Type
---------------- ---- --- ---------- -------- -------- -----------------
Ag1              Root FWD 19000      128     False    P2p
Gi0/2            Desg FWD 20000      128     False    P2p
Gi0/1            Desg FWD 20000      128     False    P2p
```

- S4 的生成树信息。

```
S4#show spanning-tree summary

Spanning tree enabled protocol mstp
MST 0 vlans map : 1-9, 11-19, 21-29, 31-39, 41-99, 101-4094
  Root ID    Priority    32768
            Address    5869.6cd5.75c7
            this bridge is root
            Hello Time   2 sec  Forward Delay 15 sec  Max Age 20 sec


  Bridge ID  Priority    32768
            Address    5869.6cd5.75ed
            Hello Time  2 sec  Forward Delay 15 sec  Max Age 20 sec


Interface        Role Sts Cost      Prio    OperEdge Type
---------------- ---- --- ---------- -------- -------- -----------------
Ag1              Root FWD 19000      128     False    P2p
Gi0/2            Desg FWD 20000      128     False    P2p
Gi0/1            Desg FWD 20000      128     False    P2p


MST 1 vlans map : 10, 20, 30, 40, 100
  Region Root Priority    0
            Address    5869.6cd5.75ed
            this bridge is region root


  Bridge ID  Priority    0
            Address    5869.6cd5.75ed
```

```
Interface            Role Sts Cost       Prio     OperEdge Type
---------------- ---- --- ---------- -------- -------- ----------------
Ag1                  Desg FWD 19000      128      False    P2p
Gi0/2                Desg FWD 20000      128      False    P2p
Gi0/1                Desg FWD 20000      128      False    P2p
```

以上输出结果显示了 4 个交换机的生成树信息，可以看出，在同一个域中运行的生成树，其根桥的信息是一致的。

（2）VRRP 信息查看。

- S3 的 VRRP 信息。

```
S3#show vrrp brief
Interface  Grp Pri  timer  Own Pre  State    Master addr    Group addr
VLAN 10    10  120  3.53   -   P     Backup   192.168.10.253 192.168.10.254
//VRRP的角色是Backup，因为S3的优先级低于S4的优先级
VLAN 20    20  120  3.53   -   P     Backup   192.168.20.253
192.168.20.254
VLAN 30    30  120  3.53   -   P     Backup   192.168.30.253
192.168.30.254
VLAN 40    40  120  3.53   -   P     Backup   192.168.40.253
192.168.40.254
VLAN 100   100 120  3.53   -   P     Backup   192.168.100.253
192.168.100.254
```

- S4 的 VRRP 信息。

```
S4#show vrrp brief
Interface  Grp Pri  timer  Own Pre  State    Master addr    Group addr
VLAN 10    10  150  3.41   -   P     Master   192.168.10.253 192.168.10.254
//由于S4的优先级高，所以它成为Master
VLAN 20    20  150  3.41   -   P     Master   192.168.20.253
192.168.20.254
VLAN 30    30  150  3.41   -   P     Master   192.168.30.253
192.168.30.254
VLAN 40    40  150  3.41   -   P     Master   192.168.40.253
192.168.40.254
VLAN 100   100 150  3.41   -   P     Master   192.168.100.253
192.168.100.254
```

第 **6** 章
交换机高可靠性

扫一扫，
看微课

6-1　VSU 技术

以太网技术最初应用于局域网，当时局域网对可靠性和稳定性的要求都比较低，但是现在局域网应用越来越复杂，对可靠性的要求越来越高，因此要求交换机的高可靠性。

6.1　DLDP

DLDP 的全称是 Data Link Detection Protocol（数据链路检测协议），是一种快速检测以太网链路故障的检测协议。DLDP 通过在三层接口（SVI、Routed Port、Layer3 AP）下不断地发出 IPv4 ICMP Echo 进行链路检测，如果在指定时间内对端设备没有回应 ICMP Reply，则 DLDP 认为这个接口的链路出现问题，将该接口配置为"三层接口 Down"，于是触发各三层上的协议进行各种收敛、备份切换动作。

【配置命令解析】

```
Ruijie(config)# interface interface-type interface-number
//进入三层接口
Ruijie(config-if)# dldp ip-address route-switch [ mac-address mac-address |
next-hop ip-address [ mac-address nexthop-mac-address ] ] [ interval tick ] [ retry
retry-num ] [ resume resume-num ]
```

DLDP 配置参数如下。

- **route-switch**：与静态路由联动，可实现静态路由切换。
- **mac-address** *mac-address*：检测 IP 所绑定的 MAC 地址。
- **next-hop** *ip-address*：下一跳 IP 地址。
- **mac-address** *nexthop-mac-address*：下一跳 IP 所绑定的 MAC 地址。
- **Interval** *tick*：检测报文的发送间隔。取值范围为 1～6000 tick（1 tick =10ms），默认值为 100 tick（1s）。

- **retry** *retry-num*：检测报文的重传次数。取值范围为 1～3600，默认值为 4。
- **resume** *resume-num*：检测报文的恢复次数。取值范围为 1～200，默认值为 3。

6.2　RLDP

RLDP 的全称是 Rapid Link Detection Protocol（快速链路检测协议），是锐捷公司自主开发的一种用于快速检测以太网链路故障的链路协议。RLDP 利用在链路两端交换 RLDP 报文来实现检测，RLDP 定义了两种协议报文：探测报文（Probe）和探测响应报文（Echo）。RLDP 会在每个配置了 RLDP 且是 linkup 的接口周期性地发送本接口的 Probe 报文，并期待邻居接口响应该报文，同时期待邻居接口发送自己的 Probe 报文。如果一条链路在物理和逻辑上都是正确的，那么一个接口应该能收到邻居接口的 Echo 报文及邻居接口的 Probe 报文，否则链路将被认定是异常的。

【配置命令解析】

```
Ruijie(config)# rldp enable
//启用全局的RLDP功能
Ruijie(config)# interface interface-type interface-number
//进入接口
Ruijie(config-if)# rldp port { unidirection-detect | bidirection-detect |
loop-detect } { warning | shutdown-svi | shutdown-port | block }
```

RLDP 配置参数如下。

- **unidirection-detect**：单向链路检测。
- **bidirection-detect**：双向链路检测。
- **loop-detect**：环路检测。
- **warning**：故障处理方法为警告。
- **block**：故障处理方法为关闭接口学习转发。
- **shutdown-port**：故障处理方法为配置接口违例。
- **shutdown-svi**：故障处理方法为关闭接口所在的 SVI。

6.3　VSU

VSU（Virtual Switching Unit，虚拟交换单元）是一种网络系统虚拟化技术，支持将多台设备组合成单一的虚拟设备。和传统的组网方式相比，这种组网方式可以简化网络拓扑，降低网络的管理维护成本，缩短应用恢复的时间和业务中断的时间，提高网络资源的利用率。

6.3.1 VSU 基础配置

【配置命令解析】

```
Ruijie(config)# switch virtual domain domain_id
//配置域 ID，domain_id的取值范围为1~255
Ruijie(config-vs-domain)# switch sw_id
//配置交换机在虚拟设备中的编号，sw_id的取值范围为1~8，默认值为1
Ruijie(config-vs-domain)# switch sw_id priority priority_num
//priority_num的取值范围为1~255，默认值为100，数值越大，优先级越高
Ruijie(config-vs-domain)#switch sw_id description switch1
//配置设备的别名，最大为32个字符
Ruijie(config)# vsl-port
//VSL以聚合口形式存在，首先进入VSL-port聚合口的配置模式
Ruijie(config-vsl-port) port-member interface interface-type interface-number
添加或移除VSL-port链路的成员接口
Ruijie# switch convert mode virtual
把交换机从单机模式切换到虚拟交换模式，即VSU模式
```

6.3.2 BFD 双主机检测配置

BFD 双主机检测要求在两台机箱之间建立一条直连链路，链路两端的接口必须是物理路由接口。

【配置命令解析】

```
Ruijie(config)#interface interface-name1
Ruijie(config-if)# no switchport
//配置检测接口1为路由接口
Ruijie(config)# interface interface-name2
Ruijie(config-if)# no switchport
Ruijie(config)# switch virtual domain number
//进入虚拟设备配置模式
Ruijie(config-vs-domain)# dual-active detection bfd
//打开BFD双主机检测开关，在默认情况下BFD双主机检测开关是关闭的
Ruijie(config-vs-domain)# dual-active bfd interface interface-name
//配置BFD双主机检测接口
```

6.4 VSU 案例解析

 【案例拓扑】

案例拓扑图如图 6-1 所示。

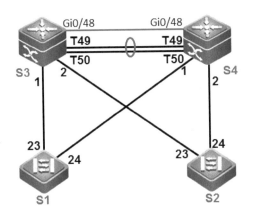

图 6-1　案例拓扑图

设备参数表如表 6-1 所示。

表 6-1　设备参数表

设　　备	接口或 VLAN	VLAN 名称	二层或三层规划	说　　明
S1	VLAN10	Office10	Gi0/1 至 Gi0/4	办公网段
	VLAN20	Office20	Gi0/5 至 Gi0/8	办公网段
	VLAN30	Office30	Gi0/9 至 Gi0/12	办公网段
	VLAN40	Office40	Gi0/13 至 Gi0/16	办公网段
	VLAN100	Manage	192.168.100.2/24	设备管理 VLAN
S2	VLAN10	Office10	Gi0/1 至 Gi0/4	办公网段
	VLAN20	Office20	Gi0/5 至 Gi0/8	办公网段
	VLAN30	Office30	Gi0/9 至 Gi0/12	办公网段
	VLAN40	Office40	Gi0/13 至 Gi0/16	办公网段
	VLAN100	Manage	192.168.100.3/24	设备管理 VLAN
S3	VLAN10	Office10	192.168.10.254/24	办公网段
	VLAN20	Office20	192.168.20.254/24	办公网段
	VLAN30	Office30	192.168.30.254/24	办公网段
	VLAN40	Office40	192.168.40.254/24	办公网段
	VLAN100	Mange	192.168.100.254/24	设备管理 VLAN
	Gi0/1	Trunk		AG1 成员口
	Gi0/2	Trunk		AG2 成员口
S4	VLAN10	Office10	192.168.10.254/24	办公网段
	VLAN20	Office20	192.168.20.254/24	办公网段
	VLAN30	Office30	192.168.30.254/24	办公网段
	VLAN40	Office40	192.168.40.254/24	办公网段
	VLAN100	Manage	192.168.100.254/24	设备管理 VLAN
	Gi0/1	Trunk		AG1 成员口
	Gi0/2	Trunk		AG2 成员口

某小型企业购买了两台数据中心交换机 S6000, 通过 VSU 虚拟化成一台设备进行管理, 从而实现高可靠性。当任意一台交换机故障时, 都能够实现设备、链路切换, 保护客户业务, 具体要求如下。

- 规划 S3 和 S4 间的 Te0/49-50 接口作为 VSL 链路接口, 使用 VSU 技术实现网络设备虚拟化。其中 S3 为主机, S4 为备机。
- 规划 S3 和 S4 间的 Gi0/48 接口作为双主机检测链路接口, 配置基于 BFD 的双主机检测, 当 VSL 的所有物理链路都异常断开时, 备机会切换成主机, 从而保障网络正常。
- 主设备: Domain ID 为 1, Switch ID 为 1, Priority 为 200, Description 为 RG-S6000C-1。
- 备设备: Domain ID 为 1, Switch ID 为 2, Priority 为 150, Description 为 RG-S6000C-2;
- S1、S2 通过 AG 双链路链接 S3/S4, 达到简化网络、降低故障率的目的。

为了规避网络末端接入设备出现环路, 要求对接入设备 S1、S2 进行防环处理, 具体要求如下。

- 接口启用 BPDU 防护, 不能接收 BPDU Guard 报文。
- 接口启用 RLDP 防止环路, 检测到环路后处理方式为 shutdown-port。
- 连接终端的所有接口配置为边缘接口。
- S1、S2 上联接口禁止 BPDU Guard 报文上传至核心层。
- 如果接口被 BPDU Guard 检测进入 Err-Disabled 状态, 则过 300s 后会自动恢复, 重新检测是否有环路。

1. 虚拟化配置

- S3 的虚拟化。

```
S3(config)#vsl-port
S3(config-vsl-port)#port-member interface TenGigabitEthernet 0/49
S3(config-vsl-port)#port-member interface TenGigabitEthernet 0/50
//进入VSL链路并配置成员接口
S3(config)#switch virtual domain 1
//进入虚拟化配置模式，域名为1
S3(config-vs-domain)#switch 1
//修改Switch ID为1（默认）
```

S3 (config-vs-domain)#**switch 1 priority 200**

//配置VSU的优先级，S3的优先级为200

S3 (config-vs-domain)#**switch 1 description RG-S6000C-1**

//配置VSU的描述，将S3配置为RG-S6000C-1

S3#**switch convert mode virtual**

//配置交换机VSU模式为virtual，在弹出的确认对话框中输入yes并回车，设备将重启并查找VSU邻居同时进行虚拟化

- S4 的虚拟化。

S4(config)#**vsl-port**

S4 (config-vsl-port)#**port-member interface TenGigabitEthernet 0/49**

S4 (config-vsl-port)#**port-member interface TenGigabitEthernet 0/50**

S4 (config)#**switch virtual domain 1**

S4 (config-vs-domain)#**switch 2**

S4 (config-vs-domain)#**switch 2 priority 150**

S4 (config-vs-domain)#**switch 2 description RG-S6000C-2**

S4#**switch convert mode virtual**

2．双主机检测配置

BX-S6000-VSU(config)#**interface range gigabitEthernet 1/0/48,2/0/48**

BX-S6000-VSU(config-if-range)#**no switchport**

//将要进行BFD双主机检测的接口配置为三层接口

BX-S6000-VSU(config-if-range)#**exit**

BX-S6000-VSU(config)#**switch virtual domain 1**

BX-S6000-VSU(config-vs-domain)#**dual-active detection bfd**

//配置检测机制为BFD双主机检测

BX-S6000-VSU(config-vs-domain)#**dual-active bfd interface gigabitEthernet 1/0/48**

BX-S6000-VSU(config-vs-domain)#**dual-active bfd interface gigabitEthernet 2/0/48**

//配置BFD双主机检测接口

3．链路聚合配置

BX-S6000-VSU(config)#**interface aggregateport 1**

//创建聚合组1

BX-S6000-VSU(config-if-AggregatePort 1)#**switchport mode trunk**

BX-S6000-VSU(config-if-AggregatePort 1)# **switchport trunk allowed vlan only 10,20,30,40,100**

BX-S6000-VSU(config)#**interface range gigabitEthernet 1/0/1,2/0/1**

//设备虚拟化后接口的编号为1/0/1和2/0/1

BX-S6000-VSU(config-if-range)#**port-group 1**

BX-S6000-VSU(config)#**interface aggregateport 2**

//创建聚合组2

```
BX-S6000-VSU(config-if-AggregatePort 2)#switchport mode trunk
BX-S6000-VSU(config-if-AggregatePort 2)# switchport trunk allowed vlan only
10,20,30,40,100
BX-S6000-VSU(config)#interface range gigabitEthernet 1/0/2,2/0/2
BX-S6000-VSU(config-if-range)#port-group 2
```

4. 环路防护配置

- S1 的防护。

```
S1(config)#rldp enable
//启用RLDP功能
S1(config)#interface range gigabitEthernet 0/1-16
S1(config-if-range)#rldp port loop-detect shutdown-port
//接口启用RLDP防环功能，环路处理方式为关闭接口
S1(config-if-range)#spanning-tree bpduguard enable
//接口启用BPDU防护
S1(config-if-range)#spanning-tree portfast
//接口配置为边缘接口
S1(config)#interface aggregateport 1
S1(config-if-AggregatePort 1)#spanning-tree bpdufilter enable
//上行接口启用BPDU过滤功能
```

- S2 的防护。

```
S2(config)#rldp enable
S2(config)#interface range gigabitEthernet 0/1-16
S2(config-if-range)#rldp port loop-detect shutdown-port
S2(config-if-range)#spanning-tree bpduguard enable
S2(config-if-range)#spanning-tree portfast
S2(config)#interface aggregateport 2
S2(config-if-AggregatePort 2)#spanning-tree bpdufilter enable
```

5. 实验调试

（1）虚拟化信息。

```
BX-S6000-VSU#show switch virtual
Switch_id  Domain_id  Priority   Position  Status  Role      Description
-----------------------------------------------------------------------------
1(1)       1(1)       200(200)   LOCAL     OK      ACTIVE    RG-S6000C-1
2(2)       1(1)       150(150)   REMOTE    OK      STANDBY   RG-S6000C-2
```

以上输出结果显示，ID 为 1 的设备是 VSU 的主设备，其优先级为 200。

（2）检测情况。

```
BX-S6000-VSU#show switch virtual dual-active summary
BFD dual-active detection enabled: Yes
//确认启用BFD检测功能
Aggregateport dual-active detection enabled: No
Interfaces excluded from shutdown in recovery mode:
In dual-active recovery mode: No
BX-S6000-VSU#show switch virtual dual-active bfd
BFD dual-active detection enabled: Yes
BFD dual-active interface configured:
  GigabitEthernet 1/0/48: UP
  GigabitEthernet 2/0/48: UP
//双主机检测接口号为48
```

第 **7** 章
应用服务与安全技术

7.1 DHCP

动态主机配置协议（Dynamic Host Configuration Protocol，DHCP）是用于网络设备部署配置 IP 地址信息的协议。网络设备及移动设备的使用都需要安排 IP 地址，网络管理员如果给所有的设备安排 IP 地址，将会带来巨大的工作量。DHCP 是为客户动态分配 IP 地址的协议，服务器能够从预先设定好的 IP 地址池里自动给主机分配 IP 地址。DHCP 能保证网络上分配的 IP 地址不重复，也能及时回收 IP 地址从而提高 IP 地址的利用效率。

7.1.1 DHCP 基础配置

【配置命令解析】

```
Ruijie(config)# service dhcp
//启用DHCP服务器和DHCP中继代理功能
Ruijie(config)# ip dhcp excluded-address low-ip-address [ high-ip-address ]
//定义排除的IP地址范围，这些地址DHCP不会分配给客户端
Ruijie(config)# ip dhcp pool dhcp-pool
//配置地址池名并进入地址池配置模式
Ruijie(dhcp-config)# network network-number mask
//配置DHCP地址池的网络号和掩码
Ruijie(dhcp-config)# default-router address [address2…address8]
//配置默认网关
Ruijie(dhcp-config)# lease {days [hours] [ minutes] | infinite}
//配置地址租期
Ruijie(dhcp-config)# domain-name domain
//配置域名
Ruijie(dhcp-config)# dns-server address [address2…address8]
//配置DNS服务器
```

7.1.2　DHCP 中继

【配置命令解析】

```
Ruijie (config)# service dhcp
//启用DHCP代理
Ruijie(config-if)# ip helper-address A.B.C.D
//添加一个接口的DHCP服务器地址，此命令必须在三层接口下配置
```

7.2　ACL 技术

ACL 的全称为访问控制列表（Access Control List），也称访问列表（Access List），俗称防火墙，在有的文档中还称为包过滤。ACL 通过定义一些规则对网络设备接口上的数据报文进行控制：允许通过或丢弃。按照使用的范围，ACL 可以分为安全 ACL 和 QoS ACL。对数据流进行过滤可以限制网络中的通信数据的类型，限制网络的使用者或使用的设备。安全 ACL 在数据流通过网络设备时对其进行分类过滤，并对从指定接口输入或输出的数据流进行检查，根据匹配条件（Conditions）决定是允许其通过（Permit）还是丢弃（Deny）。总体来说，安全 ACL 用于控制哪些数据流允许从网络设备通过，QoS 策略对这些数据流进行优先级分类和处理。

7.2.1　标准与扩展 ACL

【配置命令解析】

1.　在全局配置模式下创建

```
Ruijie(config)# access-list access-list-number {deny | permit} {src src-wildcard
| host src | any }
//定义标准访问控制列表，标准ACL1~99、1300~1999
Ruijie(config)#access-list access-list-number { permit | deny } protocol [src
src-wildcard dst dst-wildcard ] [operator port] [established]
//定义扩展访问控制列表，扩展ACL100~199、2000~2699、2900~3899
Ruijie(config)# interface interface-type interface-number
//选择要应用访问控制列表的接口
Ruijie(config-if)# ip access-group id { in | out }
//将访问控制列表应用于特定接口，注意方向是in还是out
```

2.　在 ACL 模式下创建

```
Ruijie(config)# ip access-list { standard | extended } { id | name }
//进入配置访问控制列表模式
Ruijie (config-xxx-nacl)# [sn] { permit | deny } {src src-wildcard | host src | any }
```

```
Ruijie (config-xxx-nacl)# [sn] { permit | deny } protocol [src src-wildcard dst
dst-wildcard ] [operator port] [established]
//为访问控制列表添加表项
```

7.2.2 基于时间的 ACL

基于时间的 ACL 会在标准或扩展 ACL 的最后加上时间参数。

【配置命令解析】

```
Ruijie(config)# time-range time-range-name
//使用一个有意义的显示字符串作为名字来标识一个基于时间的ACL
Ruijie(config-time-range)# absolute [start time date] end time date
//配置绝对时间区间
Ruijie(config-time-range)# periodic day-of-the-week time to [day-of-the-week] time
//配置周期时间
```

7.3 网络地址转换

网络地址转换（Network Address Translation，NAT）是一个 IETF 标准，是将 IP 数据报文头中的 IP 地址转换为另一个 IP 地址的过程。一个局域网内部有很多台主机，但不是每台主机都有合法的 IP 地址，为了使所有内部主机都可以连接 Internet，需要使用 NAT 技术，NAT 技术使得一个私有网络可以通过 Internet 注册 IP 地址连接到外部网络。

7.3.1 静态 NAT

静态 NAT 是指建立内部本地地址和内部全局地址的一对一永久映射关系。当外部网络需要通过固定的全局可路由地址访问内部主机时，静态 NAT 就显得十分重要。

【配置命令解析】

```
Ruijie(config)# ip nat inside source static local-address global-address
[permit-inside]
//定义内部源地址静态转换关系
Ruijie(config)# interface interface-type interface-number
//进入内部接口
Ruijie(config-if)# ip nat inside
//定义该接口连接内部网络
Ruijie(config)# interface interface-type interface-number
//进入外部接口
Ruijie(config-if)# ip nat outside
//定义该接口连接外部网络
```

7.3.2 动态 NAT

动态 NAT 是指建立内部本地地址和内部全局地址的临时映射关系，当过一段时间映射关系没有用后，就会删除映射关系。

【配置命令解析】

```
Ruijie(config)# ip nat pool address-pool start-address end-address {netmask mask
| prefix-length prefix-length}
//定义全局IP地址池
Ruijie(config)# access-list access-list-number permit ip-address wildcard
//定义访问控制列表，只有匹配该列表的地址才会转换
Ruijie(config)# ip nat inside source list access-list-number pool address-pool
//定义内部源地址动态转换关系
Ruijie(config)# interface interface-type interface-number
//进入内部接口
Ruijie(config-if)# ip nat inside
//定义该接口连接内部网络
Ruijie(config)# interface interface-type interface-number
//进入外部接口
Ruijie(config-if)# ip nat outside
//定义该接口连接外部网络
```

7.3.3 NAPT

传统的 NAT 一般是指一对一的地址映射，不能同时满足所有的内部网络主机与外部网络通信的需要。使用 NAPT（Network Address Port Translation，网络地址接口转换），可以将多个内部本地地址映射到一个内部全局地址。

【配置命令解析】

```
Ruijie(config)# ip nat inside source static {UDP | TCP} local-address port
global-address port [permit-inside]
//定义内部源地址静态转换关系，静态NAPT一般应用在将内部网络指定主机的指定接口映射到全局地址
的指定接口上。
Ruijie(config)# ip nat inside source list access-list-number {[ pool
address-pool] | [interface interface-type interface-number]} overload
//定义内部源地址动态转换关系
```

7.4 安全技术

安全问题是网络的核心问题，网络的接入层主要负责用户终端的接入，而如何保证大

量终端用户接入的安全问题，是网络管理员所要解决的问题。

7.4.1　接口保护

接口保护适用于同一台交换机下需要进行用户二层隔离的场景，如不允许同一个 VLAN 内的用户互访，必须完全隔离，防止病毒扩散攻击等。

接口保护推荐交换机每个接口接一个用户，这样能基于接口进行精确访问控制，对于下接一个 HUB 再接多个用户的情况，交换机无法阻止 HUB 下的这些用户互访。

【配置命令解析】

```
Ruijie(config)# interface interface-type interface-number
//进入二层或三层接口
Ruijie(config-if)# switchport protected
//将二层接口配置为保护口
Ruijie(config)# protected-ports route-deny
//配置保护口之间不能进行路由
```

7.4.2　接口安全

接口安全功能用于约束进入一个接口的访问。通过报文的源 MAC 地址来限定报文是否可以进入交换机的接口，用户可以静态配置特定的 MAC 地址或动态学习限定个数的 MAC 地址来控制报文是否可以进入接口，启用接口安全功能的接口称为安全接口。

【配置命令解析】

```
Ruijie(config)# interface interface-type interface-number
//进入接口
Ruijie(config-if) #switchport port-security
//启用接口安全功能
Ruijie(config-if)# switchport port-security maximum maxinum
//配置接口最大安全地址个数
Ruijie(config-if)# switchport port-security violation { protect | restrict | shutdown}
```

接口安全违规参数如下。

- **保护措施（protect）**：当激活接口安全的接口允许的 MAC 地址数量达到最大值后（如允许 2 个 MAC 地址，此时已经有 2 个 MAC 地址接入接口），当有新的 MAC 地址接入时（如接入一台新的计算机），新的 MAC 地址将无法接入，而之前接入接口的设备不受影响，交换机不发送警告信息给终端设备。

- 限制措施（**restrict**）：和保护措施相似，唯一的不同是当激活惩罚措施后，交换机会发送警告信息给终端设备。
- 关闭措施（**shutdown**）：和保护措施不同的是，当激活惩罚措施后，原有的 MAC 地址设备和新接入的 MAC 地址设备都因为接口被关闭而无法接入网络，并且交换机会发送警告信息给终端设备，需要网络管理员手动输入"no shutdown"命令重新打开接口。

```
Ruijie(config-if)# switchport port-security mac-address sticky
//配置动态地址自动保存
Ruijie(config-if)# switchport port-security mac-address H.H.H
//配置接口的静态安全地址
Ruijie(config-if)# switchport port-security binding A.B.C.D
//绑定IP地址，此地址为保障合法用户的地址
Ruijie(config-if)# switchport port-security binding H.H.H vlan vlan-id A.B.C.D
//同时绑定此IP+MAC地址的用户为保障合法用户
```

7.4.3 DHCP Snooping

DHCP Snooping 意为 DHCP 窥探，通过对 Client 和服务器之间的 DHCP 交互报文进行窥探实现对用户 IP 地址使用情况的记录和监控，同时可以过滤非法 DHCP 报文，包括客户端的请求报文和服务端的响应报文。DHCP Snooping 记录生成的用户数据表项可以为 IP Source Guard 等安全应用提供服务。

【配置命令解析】

```
Ruijie(config)#ip dhcp snooping
//启用DHCP Snooping功能
Ruijie(config)#ip dhcp snooping vlan vlan-id
//指定VLAN的DHCP Snooping功能
Ruijie(config)# interface interface-type interface-number
//进入接口
Ruijie(config-if)#ip dhcp snooping trust
//配置DHCP Snooping信任接口
```

7.4.4 IP Source Guard

通过 IP Source Guard 绑定功能，可以利用硬件对 IP 报文进行过滤，从而保证只有 IP 报文硬件过滤数据库中存在对应信息的用户才能正常使用网络，防止了用户私设 IP 地址及伪造 IP 报文，此功能一般和 DHCP Snooping 功能一起使用。

【配置命令解析】

```
Ruijie(config)# interface interface-type interface-number
//进入接口
Ruijie(config-if)#ip verify source [port-security]
//启用接口的IP Source Guard功能，port-security的配置基于IP+MAC检测
Ruijie(config)#ip source binding mac-address vlan vlan-id ip-address { interface
interface-id | ip-mac | ip-only }
//全局绑定，指定部分用户通过IP Source Guard的检测，不需要通过DHCP方式进行统一控制
```

7.4.5　ARP Check

ARP Check 即 ARP 报文检查功能，对接口（包括有线接入的二层交换口、二层 AP 口或二层封装子接口）下的所有的 ARP 报文进行过滤，对所有非法的 ARP 报文进行丢弃，能够有效地防止网络受到 ARP 欺骗，提高网络的稳定性。在支持 ARP Check 功能的设备中，ARP Check 功能能够根据 IP Source Guard、全局 IP+MAC 绑定、802.1X 认证、GSN 绑定、WEB 认证或接口安全等安全应用模块生成的合法用户信息（IP 或 IP+MAC）产生相应的 ARP 过滤信息，从而实现对网络中的非法 ARP 报文的过滤。

【配置命令解析】

```
Ruijie(config)# interface interface-type interface-number
//进入接口
Ruijie(config-if)#arp-check
//启用接口的ARP Check功能，该功能与DHCP Snooping功能结合使用，一般在接入设备的接口上配
置该功能
```

7.4.6　DAI

DAI（Dynamic ARP Inspection，动态 ARP 检测）对接收到的 ARP 报文进行合法性检查。不合法的 ARP 报文会被丢弃。DAI 确保了只有合法的 ARP 报文才会被设备转发。

【配置命令解析】

```
Ruijie(config)#ip arp inspection vlan vlan-id
//启用VLAN的DAI功能，结合DHCP Snooping功能使用
Ruijie(config)# interface interface-type interface-number
//进入接口
Ruijie(config-if)# ip arp inspection trust
//配置接口为DAI信任接口
```

7.5 服务安全综合案例解析

【案例拓扑】

案例拓扑图如图 7-1 所示。

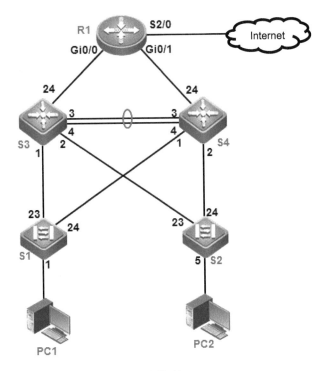

图 7-1　案例拓扑图

设备参数表如表 7-1 所示。

表 7-1　设备参数表

设　　备	接口或 VLAN	VLAN 名称	二层或三层规划	说　　明
R1	Gi0/0		10.0.0.1/30	
	Gi0/1		10.1.0.1/30	
	S2/0		100.0.0.1/30	接入 Internet
	Loopback0		10.10.10.10/32	
S1	VLAN10	RF	Gi0/1 至 Gi0/4	研发
	VLAN20	Sales	Gi0/5 至 Gi0/8	市场
	VLAN30	Supply	Gi0/9 至 Gi0/12	供应链
	VLAN40	Service	Gi0/13 至 Gi0/16	售后
	VLAN100	Manage	192.168.100.2/24	设备管理 VLAN

设 备	接口或 VLAN	VLAN 名称	二层或三层规划	说 明
	VLAN10	RF	Gi0/1 至 Gi0/4	研发
	VLAN20	Sales	Gi0/5 至 Gi0/8	市场
S2	VLAN30	Supply	Gi0/9 至 Gi0/12	供应链
	VLAN40	Service	Gi0/13 至 Gi0/16	售后
	VLAN100	Manage	192.168.100.3/24	设备管理 VLAN
	VLAN10	RF	192.168.10.252/24	研发
	VLAN20	Sales	192.168.20.252/24	市场
	VLAN30	Supply	192.168.30.252/24	供应链
	VLAN40	Service	192.168.40.252/24	售后
S3	VLAN100	Mange	192.168.100.252/24	设备管理 VLAN
	Gi0/3	Trunk		AG1 成员口
	Gi0/4	Trunk		AG1 成员口
	Gi0/24		10.0.0.2/30	
	VLAN10	RF	192.168.10.253/24	研发
	VLAN20	Sales	192.168.20.253/24	市场
	VLAN30	Supply	192.168.30.253/24	供应链
	VLAN40	Service	192.168.40.253/24	售后
S4	VLAN100	Manage	192.168.100.253/24	设备管理 VLAN
	Gi0/3	Trunk		AG1 成员口
	Gi0/4	Trunk		AG1 成员口
	Gi0/24		10.1.0.2/30	

【任务需求】

某小型公司总部使用一台 RSR20 路由器作为外网出口设备，核心交换机采用两台 S5750 交换机，分别是 S3、S4，两台 S2910 交换机 S1 与 S2 作为接入交换机，应用 MSTP+VRRP 高可靠性解决方案，具体配置要求如下。

- R1、S3、S4 三台设备运行 OSPF 路由协议，进程号为 10，规划单区域 0，发布具体 网段。
- 要求业务网段中不出现协议报文。
- 优化 OSPF 相关配置，以尽量加快 OSPF 收敛。
- 路由器 R1 配置通往 Internet 的默认路由，并且发布到 OSPF 域内。
- 路由器 R1 执行 NAPT，允许 VLAN10～VLAN40 网段的用户使用外网接口地址进 行转换上网。

- 交换机上配置 MSTP 防止二层环路，要求 VLAN10、VLAN20 数据流通过 S3 转发，VLAN30、VLAN40、VLAN100 数据流通过 S4 转发，S3、S4 其中一台宕机时均可无缝切换至另一台进行转发。
- region-name 为 ruijie。
- revision 版本号为 1。
- 实例 1 包含 VLAN10、VLAN20。
- 实例 2 包含 VLAN30、VLAN40、VLAN100。
- S3 作为实例 1 中的主根，S4 作为实例 1 的从根。
- S4 作为实例 2 中的主根，S3 作为实例 2 的从根。
- 在 S3 和 S4 上配置 VRRP，实现主机的网关冗余，VRRP 参数表如表 7-2 所示。

表 7-2　VRRP 参数表

VLAN	VRRP 备份组号（VRID）	VRRP 虚拟 IP
VLAN10	10	192.168.10.254
VLAN20	20	192.168.20.254
VLAN30	30	192.168.30.254
VLAN40	40	192.168.40.254
VLAN100（交换机间）	100	192.168.100.254

- S3、S4 各 VRRP 组中高优先级配置为 150，低优先级配置为 120。
- 配置 VRRP 主设备监控上行物理接口 IP，当上行接口发生故障时，VRRP 优先级下降 60。

在交换机 S3、S4 上配置 DHCP 中继，对 VLAN10 内的用户进行中继，使得本部 PC1 用户使用 DHCP Relay 方式获取 IP 地址，具体要求如下。

- DHCP 服务器搭建于 R1 上，地址池命名为 Pool_VLAN10，DHCP 对外服务使用 Loopback 0 地址。
- 为了防御动态环境局域网 ARP 欺骗及伪 DHCP 服务欺骗，在 S1、S2 交换机上部署 DHCP Snooping+IP Source Guard+ARP Check 功能。
- 为了防止伪 IP 源地址攻击，导致出口路由器会话占满，要求 S2 交换机部署接口安全，接口 Gi0/5 只允许 PC2 通过。

【任务实施】

1. 生成树配置

- S1 的生成树。

```
S1(config)#spanning-tree
S1(config)#spanning-tree mode mstp
S1(config)#spanning-tree mst configuration
S1(config-mst)#revision 1
S1(config-mst)#name ruijie
S1(config-mst)#instance 1 vlan 10,20
S1(config-mst)#instance 2 vlan 30,40,100
```

- S2 的生成树。

```
S2(config)#spanning-tree
S2(config)#spanning-tree mode mstp
S2(config)#spanning-tree mst configuration
S2(config-mst)#revision 1
S2(config-mst)#name ruijie
S2(config-mst)#instance 1 vlan 10,20
S2(config-mst)#instance 2 vlan 30,40,100
```

- S3 的生成树。

```
S3(config)#spanning-tree
S3(config)#spanning-tree mode mstp
S3(config)#spanning-tree mst configuration
S3(config-mst)#revision 1
S3(config-mst)#name ruijie
S3(config-mst)#instance 1 vlan 10,20
//实例1映射VLAN10、20
S3(config-mst)#instance 2 vlan 30,40,100
S3(config)#spanning-tree mst 1 priority 0
//配置S3成为实例1的主根
S3(config)#spanning-tree mst 2 priority 4096
//配置S3成为实例2的从根
```

- S4 的生成树。

```
S4(config)#spanning-tree
S4(config)#spanning-tree mode mstp
S4(config)#spanning-tree mst configuration
S4(config-mst)#revision 1
S4(config-mst)#name ruijie
S4(config-mst)#instance 1 vlan 10,20
S4(config-mst)#instance 2 vlan 30,40,100
S4(config)#spanning-tree mst 2 priority 0
S4(config)#spanning-tree mst 1 priority 4096
```

2. VRRP 配置

- S3 的 VRRP 配置。

```
S3(config)#interface vlan 10
S3(config-if-VLAN 10)#vrrp 10 ip 192.168.10.254
S3(config-if-VLAN 10)#vrrp 10 priority 150
S3(config-if-VLAN 10)#vrrp 10 track 10.0.0.1 60
// VRRP主设备监控上行物理接口IP，当上行接口发生故障时，VRRP优先级下降60
S3(config-if-VLAN 10)#interface vlan 20
S3(config-if-VLAN 20)#vrrp 20 ip 192.168.20.254
S3(config-if-VLAN 20)#vrrp 20 priority 150
S3(config-if-VLAN 20)#vrrp 10 track 10.0.0.1 60
S3(config-if-VLAN 20)#interface vlan 30
S3(config-if-VLAN 30)#vrrp 30 ip 192.168.30.254
S3(config-if-VLAN 30)#vrrp 30 priority 120
S3(config-if-VLAN 30)#interface vlan 40
S3(config-if-VLAN 40)#vrrp 40 ip 192.168.40.254
S3(config-if-VLAN 40)#vrrp 40 priority 120
S3(config-if-VLAN 40)#interface vlan 100
S3(config-if-VLAN 100)#vrrp 100 ip 192.168.100.254
S3(config-if-VLAN 100)#vrrp 100 priority 120
```

- S4 的 VRRP 配置。

```
S4(config)#interface vlan 10
S4(config-if-VLAN 10)#vrrp 10 ip 192.168.10.254
S4(config-if-VLAN 10)#vrrp 10 priority 120
S4(config-if-VLAN 10)#interface vlan 20
S4(config-if-VLAN 20)#vrrp 20 ip 192.168.20.254
S4(config-if-VLAN 20)#vrrp 20 priority 120
S4(config-if-VLAN 20)#interface vlan 30
S4(config-if-VLAN 30)#vrrp 30 ip 192.168.30.254
S4(config-if-VLAN 30)#vrrp 30 priority 150
S4(config-if-VLAN 30)#vrrp 10 track 10.1.0.1 60
S4(config-if-VLAN 30)#interface vlan 40
S4(config-if-VLAN 40)#vrrp 40 ip 192.168.40.254
S4(config-if-VLAN 40)#vrrp 40 priority 150
S4(config-if-VLAN 40)#vrrp 10 track 10.1.0.1 60
S4(config-if-VLAN 40)#interface vlan 100
S4(config-if-VLAN 100)#vrrp 100 ip 192.168.100.254
S4(config-if-VLAN 100)#vrrp 100 priority 150
S4(config-if-VLAN 100)#vrrp 10 track 10.1.0.1 60
```

3. 路由部署

- R1 的路由配置。

```
R1(config)#ip route 0.0.0.0 0.0.0.0 serial 2/0
//配置通往外网的默认路由
R1(config)#router ospf 10
R1(config-router)#router-id 1.1.1.1
R1(config-router)#network 10.0.0.1 0.0.0.0 area 0
R1(config-router)#network 10.1.0.1 0.0.0.0 area 0
R1(config-router)#network 10.10.10.10 0.0.0.0 area 0
R1(config-router)#default-information originate
//把默认路由传播到OSPF域内
R1(config)#interface range gigabitEthernet 0/0 - 1
R1(config-if-range)#ip ospf network point-to-point
```

- S3 的路由配置。

```
S3(config)#router ospf 10
S3(config-router)#router-id 3.3.3.3
S3(config-router)#network 192.168.10.252 0.0.0.0 area 0
S3(config-router)#network 192.168.20.252 0.0.0.0 area 0
S3(config-router)#network 192.168.30.252 0.0.0.0 area 0
S3(config-router)#network 192.168.40.252 0.0.0.0 area 0
S3(config-router)#network 192.168.100.252 0.0.0.0 area 0
S3(config-router)#network 10.0.0.2 0.0.0.0 area 0
S3(config-router)#passive-interface vlan 10
S3(config-router)#passive-interface vlan 20
S3(config-router)#passive-interface vlan 30
S3(config-router)#passive-interface vlan 40
S3(config)#interface range gigabitEthernet 0/24
S3(config-if-range)#ip ospf network point-to-point
S3(config)#interface vlan 100
S3(config-if-VLAN 100)#ip ospf network point-to-point
```

- S4 的路由配置。

```
S4(config)#router ospf 10
S4(config-router)#router-id 4.4.4.4
S4(config-router)#network 192.168.10.253 0.0.0.0 area 0
S4(config-router)#network 192.168.20.253 0.0.0.0 area 0
S4(config-router)#network 192.168.30.253 0.0.0.0 area 0
S4(config-router)#network 192.168.40.253 0.0.0.0 area 0
S4(config-router)#network 192.168.100.253 0.0.0.0 area 0
S4(config-router)#network 10.1.0.2 0.0.0.0 area 0
```

```
S4(config-router)#passive-interface vlan 10
S4(config-router)#passive-interface vlan 20
S4(config-router)#passive-interface vlan 30
S4(config-router)#passive-interface vlan 40
S4(config)#interface gigabitEthernet 0/24
S4(config-if-GigabitEthernet 0/24)#ip ospf network point-to-point
S4(config)#interface vlan 100
S4(config-if-VLAN 100)#ip ospf network point-to-point
```

4. NAT 部署

```
R1(config)#ip access-list standard 1
R1(config-std-nacl)#permit 192.168.0.0 0.0.255.255
//定义允许NAT转换的地址范围
R1(config-std-nacl)#exit
R1(config)#ip nat inside source list 1 interface serial 2/0 overload
//定义动态转换利用接口S2/0
R1(config)#interface serial 2/0
R1(config-if-Serial 2/0)#ip nat outside
//定义NAT转换的外部接口
R1(config-if-Serial 2/0)#exit
R1(config)#interface range gigabitEthernet 0/0-1
R1(config-if-range)#ip nat inside
//定义NAT转换的内部接口
```

5. DHCP 相关部署

（1）DHCP 地址池配置。

```
R1(config)#service dhcp
//启用DHCP服务功能
R1(config)#ip dhcp pool Pool_VLAN10
//配置DHCP地址池名称
R1(dhcp-config)#network 192.168.10.0 255.255.255.0
//配置DHCP地址池
R1(dhcp-config)#default-router 192.168.10.254
//配置DHCP地址池网关
```

（2）DHCP 中继配置。

```
S3(config)#service dhcp
S3(config)#interface vlan 10
S3(config-if-VLAN 10)#ip helper-address 10.10.10.10
//配置VLAN10网络的DHCP中继
S4(config)#service dhcp
```

```
S4(config)#interface vlan 10
S4(config-if-VLAN 10)#ip helper-address 10.10.10.10
```

（3）DHCP Snooping 配置。

```
S1(config)#service dhcp
S1(config)#ip dhcp snooping
//启用DHCP Snooping服务
S1(config)#ip dhcp snooping vlan 10
//在VLAN10中启用DHCP Snooping服务
S1(config)#interface range gigabitEthernet 0/23-24
S1(config-if-range)#ip dhcp snooping trust
//在上联有DHCP服务器服务相关接口配置DHCP Snooping信任接口
S1(config-if-range)#exit
S1(config)#interface range gigabitEthernet 0/1-4
S1(config-if-range)#ip verify source port-security
//在下联业务接口配置IP源地址监测
S1(config-if-range)#arp-check
//在下联业务接口配置ARP检测
```

S2 交换机配置相同。

6. 接口安全部署

```
S2(config)#interface gigabitEthernet 0/5
S2(config-if-GigabitEthernet 0/5)#switchport port-security mac-address
c85b.76af.b122 vlan 20
//配置接口与PC3的MAC地址与VLAN对应项，此处MAC地址根据具体主机有所不同，VLAN应配置辅助
VLAN的编号
S2(config-if-GigabitEthernet 0/5)#switchport port-security maximum 1
//配置该接口下的最大设备数量为1
S2(config-if-GigabitEthernet 0/5)#switchport port-security
//最后启用接口安全功能。以上3条配置应按照顺序配置，否则可能会报错
```

7. 实验调试

本次实验调试只给出部分设备的查看信息。

（1）生成树信息。

```
S3#show spanning-tree summary

Spanning tree enabled protocol mstp
MST 0 vlans map : 1-9, 11-19, 21-29, 31-39, 41-99, 101-4094
  Root ID   Priority   32768
            Address    5869.6cd5.75c7
            this bridge is root
```

```
              Hello Time   2 sec  Forward Delay 15 sec  Max Age 20 sec

 Bridge ID  Priority     32768
            Address      5869.6cd5.75c7
            Hello Time  2 sec  Forward Delay 15 sec  Max Age 20 sec


Interface          Role Sts Cost        Prio     OperEdge Type
---------------- ---- --- ---------- -------- -------- ----------------
Ag1                Desg FWD 19000       128      False     P2p
Gi0/2              Desg FWD 20000       128      False     P2p
Gi0/1              Desg FWD 20000       128      False     P2p


MST 1 vlans map : 10, 20
  Region Root Priority    0
            Address      5869.6cd5.75c7
            this bridge is region root


 Bridge ID  Priority    0
            Address     5869.6cd5.75c7

Interface          Role Sts Cost       Prio     OperEdge Type
---------------- ---- --- ---------- -------- -------- ----------------
Ag1                Desg FWD 19000      128      False     P2p
Gi0/2              Desg FWD 20000      128      False     P2p
Gi0/1              Desg FWD 20000      128      False     P2p


MST 2 vlans map : 30, 40, 100
  Region Root Priority   0
            Address      5869.6cd5.75ed
            this bridge is region root


 Bridge ID  Priority     4096
            Address      5869.6cd5.75c7

Interface          Role Sts Cost       Prio     OperEdge Type
---------------- ---- --- ---------- -------- -------- ----------------
Ag1                Root FWD 19000      128      False     P2p
Gi0/2              Desg FWD 20000      128      False     P2p
Gi0/1              Desg FWD 20000      128      False     P2p
```

　　以上输出结果显示了生成树的信息和两个实例的根信息，在另外三个交换机上查看信息时，看到的生成树的信息应该与此是一致的。

（2）VRRP 信息。

```
S3#show vrrp brief
Interface  Grp  Pri  timer Own Pre  State    Master addr       Group addr
VLAN 10     10  150  3.41   -   P   Master   192.168.10.252    192.168.10.254
VLAN 20     20  150  3.41   -   P   Master   192.168.20.252    192.168.20.254
VLAN 30     30  120  3.53   -   P   Backup   192.168.30.253    192.168.30.254
VLAN 40     40  120  3.53   -   P   Backup   192.168.40.253    192.168.40.254
VLAN 100   100  120  3.53   -   P   Backup   192.168.100.253   192.168.100.254

S3#show vrrp interface vlan 10
VLAN 10 - Group 10
  State is Master
  Virtual IP address is 192.168.10.254 configured
  Virtual MAC address is 0000.5e00.010a
  Advertisement interval is 1 sec
  Preemption is enabled
    min delay is 0 sec
  Priority is 150
  Master Router is 192.168.10.252 (local), priority is 150
  Master Advertisement interval is 1 sec
  Master Down interval is 3.41 sec
  Tracking reachability of 1 host, 1 reachable:
    reachable   10.0.0.1 interval=3 timeout=1 retry=3 priority decrement=60
```

以上输出结果显示了 VRRP 的追踪 IP 地址，以及链路故障后优先级降低的数值为 60。

（3）路由协议相关信息。

```
S3#show ip ospf neighbor

OSPF process 10, 2 Neighbors, 2 is Full:
Neighbor ID  Pri  State    Dead Time   Address          Interface
1.1.1.1       1   Full/ -  00:00:32    10.0.0.1         GigabitEthernet 0/24
4.4.4.4       1   Full/ -  00:00:38    192.168.100.253  VLAN 100
```

以上输出结果显示了 S3 交换机的两个邻居，并且邻居之间是点对点链路的网络类型。

```
S3#show ip route ospf
O*E2  0.0.0.0/0 [110/1] via 10.0.0.1, 00:36:47, GigabitEthernet 0/24
O     10.1.0.0/30 [110/2] via 10.0.0.1, 00:38:28, GigabitEthernet 0/24
O     10.10.10.10/32 [110/1] via 10.0.0.1, 00:38:28, GigabitEthernet 0/24
```

以上输出结果显示了 S3 交换机的 OSPF 路由表情况。

（4）查看 NAT 统计信息。

```
R1#show ip nat translations
Pro Inside global      Inside local        Outside local         Outside global
udp 100.0.0.1:4014     192.168.10.1:4014   183.60.48.234:8000    183.60.48.234:8000
tcp 100.0.0.1:50913    192.168.10.1:50913  183.232.94.212:80     183.232.94.212:80
tcp 100.0.0.1:50921    192.168.10.1:50921  119.147.45.40:80      119.147.45.40:80
tcp 100.0.0.1:50920    192.168.10.1:50920  183.60.48.247:443     183.60.48.247:443
tcp 100.0.0.1:50922    192.168.10.1:50922  119.147.45.40:443     119.147.45.40:443
icmp100.0.0.1:1        192.168.10.2:1      20.20.20.20           20.20.20.20
icmp100.0.0.1:768      192.168.10.1:1      20.20.20.20           20.20.20.20
udp 100.0.0.1:4013     192.168.10.1:4013   183.232.127.124:8000  183.232.127.124:8000
tcp 100.0.0.1:50918    192.168.10.1:50918  112.95.240.48:443     112.95.240.48:443
udp 100.0.0.1:4015     192.168.10.1:4015   119.147.45.203:8000   119.147.45.203:8000
tcp 100.0.0.1:50917    192.168.10.1:50917  112.95.240.48:80      112.95.240.48:80
tcp 100.0.0.1:50914    192.168.10.1:50914  183.232.94.212:443    183.232.94.212:443
udp 100.0.0.1:4016     192.168.10.1:4016   163.177.90.222:8000   163.177.90.222:8000
tcp 100.0.0.1:50919    192.168.10.1:50919  183.60.48.247:80      183.60.48.247:80
tcp 100.0.0.1:50916    192.168.10.1:50916  111.161.52.148:443    111.161.52.148:443
tcp 100.0.0.1:50915    192.168.10.1:50915  111.161.52.148:80     111.161.52.148:80
udp 100.0.0.1:4017     192.168.10.1:4017   111.161.52.177:8000   111.161.52.177:8000
```

以上输出结果显示了内部用户通过 NAT 访问外网的信息统计。

（5）查看 DHCP 服务器信息。

```
R1#show ip dhcp binding
IP address       Client-Identifier/    Lease expiration        Type
                 Hardware address
192.168.10.1     01c8.5b76.afb1.22     000 days 23 hours 13 mins   Automatic
192.168.10.2     01d4.3d7e.c873.9a     000 days 23 hours 51 mins   Automatic
```

以上输出结果显示，有 2 个用户通过 DHCP 服务器获取了地址。

```
S1#show ip dhcp snooping binding

Total number of bindings: 2

NO.   MACADDRESS          IPADDRESS        LEASE(SEC)    TYPE           VLAN
INTERFACE
----- ------------------- ---------------- ------------ -------------- -----
--------------------
1     c85b.76af.b122      192.168.10.1     86394        DHCP-Snooping  10
GigabitEthernet 0/1
2     d43d.7ec8.739a      192.168.10.2     86344        DHCP-Snooping  10
GigabitEthernet 0/2
```

以上输出结果显示，有两个用户的信息记录在 DHCP Snooping 的表项中。

（6）查看接口安全。

```
S2#show interface gigabitEthernet 0/5 switchport
Interface            Switchport  Mode      Access Native Protected VLAN lists
--------------------------------- ---------- --------- ------ ------ ---------
---------------------
GigabitEthernet 0/5  enabled    ACCESS    20     1      Disabled   ALL
```

以上输出结果显示，5 号接口启用了接口安全功能。

第 **8** 章

QoS 技术

扫一扫,
看微课

8-1　QoS 技术

随着网络技术的发展、网络用户的增多及各种实时多媒体业务在网络上的实施,网络的应用对于网络服务质量(QoS)提出了更高的要求。随着网络应用不断发展,出现了大量对网络实时性要求很高的应用技术,如 IP 电话、视频点播、交互式视频会议、E-School、关键业务数据等多种实时多媒体应用。由于现在大多数网络都是基于 IP 技术建设的层次型交换网,而 IP 技术采用的是存储转发模式,基本上不具备流量和网络带宽管理的功能,因此网络经常会发生拥塞,这些拥塞是网络管理者很难控制的,因此如何在现有的带宽上提供可靠的 QoS 支持是网络管理中的重要问题。

目前的 QoS 技术较多,主要有拥塞管理、流量监管、流量整形、拥塞避免等。出于对 QoS 技术难度和配置命令复杂度的考虑,其在网络系统管理赛项中考查的内容较为简单,本书只针对竞赛涉及的内容进行简单的介绍。

8.1　报文流分类、行为和策略

8.1.1　流分类

在复杂流分类(Traffic Classifier)中,需要针对各种业务流自定义分类规则,包括基于 IPv4、IPv6、MPLS、VLAN 不同网络特征的分类规则。简单流分类中的分类规则仅根据网络中的优先级进行流分类,如 IP 网络中的 DSCP、MPLS 网络中的 EXP 和 802.1P 网络中的 Cos。

8.1.2　流行为

在复杂流分类中,需要定义针对各种流的行为,包括标记 HQoS 用户属性、优先级重标记、服务质量标记(优先级和报文着色)。在简单流分类中,流行为(Traffic Behavior)规则仅包括服务质量标记和优先级标记。

8.1.3 流策略

在复杂流分类中，使用流策略（Traffic Policy）将流分类规则和流行为规则对应起来，一个流策略可以关联多个流分类和流行为之间的对应关系，以实现针对不同业务流的不同操作。简单流分类的策略由上行和下行流分类映射表组成，上行流分类映射表实现优先级到服务质量的映射，下行流分类映射表实现服务质量到优先级的映射。

8.1.4 复杂流分类配置

【配置命令解析】

1. 创建流分类

```
Ruijie(config)# traffic classifier classifier-name [and | or]
//创建流分类规则
```

2. 匹配规则设定

```
Ruijie(config-traffic-classifier)# if-match acl acl-name
//基于ACL的报文匹配规则
Ruijie(config-traffic-classifier)# if-match dscp dscp-value
//基于DSCP的报文匹配规则
Ruijie(config-traffic-classifier)# if-match ip-precedence ip-precedence-value
//基于IP Precedence的报文匹配规则
Ruijie(config-traffic-classifier)# if-match any
//匹配所有报文
```

3. 配置流行为规则

```
Ruijie(config)# traffic behavior traffic-behavior-name
//创建流行为规则
Ruijie(config-traffic-behavior)#user-queue user-queue-name [inbound | outbound]
//配置用户队列
Ruijie(config-traffic-behavior)#service-class service-class-value color color-value
//配置报文的服务等级和丢弃优先级
Ruijie(config-traffic-behavior)#remark [dscp dscp-value | ip-precedence
ip-precedence-value]
//配置IP报文服务类型值
```

4. 配置流策略规则

```
Ruijie(config)# traffic policy traffic-policy-name
//创建流策略规则
```

```
Ruijie(config-traffic-policy)# classifier classifier-name behavior
behavior-name [precedence precedence-value]
//为流分类指定流行为规则，并设定优先级。Precedence的值越小，优先级越高
```

5. 应用流策略

```
Ruijie(config)# interface interface-type interface-number
//进入接口
Ruijie(config-if)# traffic-policy traffic-policy-name {inbound | outbound}
[link-layer | all-layer]
//在接口上应用流策略，需要指定Layer参数，默认为三层策略
```

8.2 流量监管与整形

8.2.1 流量监管

流量监管是指对分类后的流采取某种动作用于限制出入网络的流量速率。锐捷设备通常采用接入速率控制（CAR）技术来监督进入网络的某一流量的速率，使之不超出承诺的速率。

【配置命令解析】

```
Ruijie(config)# interface interface-type interface-number
//进入要配置CAR限速的接口
Ruijie(config-if)# rate-limit {input | output} bps burst-normal burst-max
conform-action action exceed-action action
```

流量监管参数说明如下。

- **input|output**：用户希望限制输入或输出的流量。
- **bps**：用户希望的流量速率上限，单位是 bps。
- **burst-normal burst-max**：token bucket（令牌桶）的大小值，单位是 B。
- **conform-action**：在速率限制以下的流量的处理策略。
- **exceed-action**：超过速率限制的流量的处理策略。
- **action**：处理策略，主要有匹配下一条策略、丢弃、配置 DSCP、发送该报文等。

```
Ruijie(config-if)# rate-limit {input | output} [access-group acl-index] bps
burst-normal burst-max conform-action action exceed-action action
//对匹配acl-index的流量进行入报文或出报文的接口限速
Ruijie(config-if)# rate-limit {input | output} [dscp dscp-value] bps
burst-normal burst-max conform-action action exceed-action action
//对匹配DSCP码值的流量进行入报文或出报文的接口限速
```

8.2.2 流量整形

流量整形可以限制流量的突发，使报文流以均匀的速率发送，这有助于保持网络流量的平稳。锐捷设备采用的通用流量整形（Generic Traffic Shaping，GTS）可以对不规则或不符合预定流量特性的报文流进行整形，以利于网络上下游之间的带宽匹配。

【配置命令解析】

```
Ruijie(config)# interface interface-type interface-number
//进入要进行流量整形的接口
Ruijie(config-if)# traffic-shape rate bit-rate [burst-size] [excess-burst-size]
[buffer-limit]
```

流量整形参数说明如下。

- **bit-rate**：用户希望整形的速率上限，单位是 bps，支持最大值为 1000000000（1Gbps）。
- **burst-size**：每个 interval 最多可以猝发的报文，单位是 bit。
- **excess-burst-size**：第一个 interval 可以超额猝发的报文，单位是 bit。
- **buffer-limit**：gts 缓冲队列的缓冲区大小，默认值是 1000。

```
Ruijie(config-if)# traffic-shape group access-list bit-rate bps [ burst-size
[ excess-burst-size [ buffer-limit ] ] ]
//对匹配acl-index的流量进行入报文或出报文的接口流量整形
```

8.3 QoS 综合案例解析

 【案例拓扑】

案例拓扑图如图 8-1 所示。

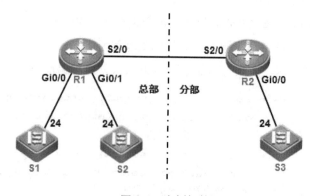

图 8-1　案例拓扑图

设备参数表如表 8-1 所示。

表 8-1　设备参数表

设　备	设备接口	IP　地　址	子网掩码	说　明
R1	Gi0/0	172.16.10.254	255.255.255.0	总部行政部
	Gi0/1	172.16.20.254	255.255.255.0	总部业务部
	S2/0	10.0.0.1	255.255.255.252	
R2	Gi0/0	192.168.0.254	255.255.255.0	分部业务部
	S2/0	10.0.0.2	255.255.255.252	

【任务需求】

某小型公司总部与分部之间通过两台路由器互联，总部与分部间的广域网带宽有限，为了保证关键的应用，需要在设备上配置 QoS，使分部业务部与总部业务部间的数据流能够被加速转发（EF）。所配置的参数要求如下。

- ACL 编号为 100。
- classifier 名称为 yewu。
- behavior 名称为 yewu。
- QoS 策略名称为 yewu。

为了防止突发数据过大而导致网络拥挤，需要对总部接入的用户流量加以限制，具体要求如下。

- 总部接入设备 S1、S2 的 Gi0/1 至 Gi0/16 接口，出入方向配置接口限速，限速 10Mbps，猝发流量 1024 kB。
- 分部 R2 的 G0/0 接口进行流量限制，入方向报文流量不能超过 10Mbit，超过流量限制的报文进行丢弃。

【任务实施】

1. 路由部署

```
R1(config)#ip route 192.168.0.0 255.255.255.0 serial 2/0
R2(config)#ip route 172.16.0.0 255.255.0.0 serial 2/0
```

2. QoS 部署

（1）加速转发。

```
R2(config)#ip access-list extended 100
R2(config-ext-nacl)#10 permit ip 192.168.0.0 0.0.0.255 172.16.20.0 0.0.0.255
```

```
//定义数据流
R2(config)#traffic classifier yewu
//定义数据流分类名称
R2(config-traffic-classifier)#if-match acl 100
//匹配数据流，ACL100
R2(config)#traffic behavior yewu
//定义数据流行为
R2(config-traffic-behavior)#remark dscp 46
//配置DSCP为46，加速转发（EF），一般用于低延迟的服务
R2(config)#traffic policy yewu
//定义QoS策略
R2(config-traffic-policy)#classifier yewu behavior yewu
//匹配流分类与流行为
R2(config)#interface serial 2/0
R2(config-if-Serial 2/0)#traffic-policy yewu outbound all-layer
//在接口上应用QoS策略
```

（2）接口限速配置。

```
S1(config)#interface range gigabitEthernet 0/1-16
S1(config-if-range)#rate-limit output 10000 1024
//配置接口出方向限速10Mbps
S1(config-if-range)#rate-limit input 10000 1024
//配置接口入方向限速10Mbps
S2(config)#interface range gigabitEthernet 0/1-16
S2(config-if-range)#rate-limit output 10000 1024
S2(config-if-range)#rate-limit input 10000 1024
R2(config)#interface gigabitEthernet 0/0
R2(config-if-GigabitEthernet 0/0)#rate-limit input 1000000 100000 200000
conform-action transmit exceed-action drop
//配置接口流量控制，入方向报文流量不能超过10Mbit，超过流量限制的报文进行丢弃
```

第 9 章

无线网络技术

扫一扫,
看微课

9-1　移动组网

RG-WLAN 系列无线产品由锐捷公司自主研发,适用于大中小无线网络,可以提供强大的 WLAN 无线接入控制功能,是面向下一代高速无线互联网络的无线控制器产品,可提供强大的处理能力和多业务扩展能力,可突破三层网络与 AP 保持通信,部署在任何二层或三层网络结构中,无须改动任何网络架构,从而提供无缝安全的无线网络控制。

9.1　无线网络基础配置

无线网络一般由无线控制器(AC)与无线接入点(AP)组成。AP 分为两种:瘦 AP(Fit AP)与胖 AP(Fat AP)。

- **AC**:无线控制器,在瘦 AP 架构中扮演管理 AP 的角色,可以对所有 AP 进行管理、认证安全、报文转发、RRM、QoS、漫游集群等。
- **Fit AP**:无线访问接入点,在 Fit AP 架构的 WLAN 网络中提供接入服务,通常分布在无线网络服务区的多个地方,用于覆盖该服务区,提供无线服务。
- **Fat AP**:一种控制和管理无线客户端的无线设备。帧在客户端和 LAN 之间传输需要经过无线到有线及有线到无线的转换,而 Fat AP 在这个过程中起到了桥梁的作用。

Fit AP 架构的无线网络部署主要遵循以下原则。

① 有限网络搭建(VLAN、DHCP、路由等)。

② AP 零配置启动,通过 DHCP 获取 IP 地址及网关 IP,同时获取 AC IP 地址。

③ AP 主动建立到达 AC 的 CAPWAP 隧道。

④ AP 与 AC 建立隧道成功后,AC 下发配置信息给 AP。

⑤ AP 获取配置后,广播 SSID 供 STA 关联并接入 STA。

⑥ AP 将 STA 发出的 802.11 数据转换为以太数据并通过 CAPWAP 隧道转发给 AC。

⑦ AC 将收到的数据解封装并转发至有线网络中。

⑧ 有线网络返回数据到 AC，AC 将数据通过 CAPWAP 隧道转发至 AP。

⑨ AP 根据配置信息将以太数据转换为 802.11 数据，转发给 STA。

【配置命令解析】

1. 有线网络配置

在有线网络的搭建中涉及 VLAN、路由，其配置需要根据具体要求而定，配置命令参见之前的介绍，下面给出 DHCP 的关键配置。

```
Ruijie(config)# service dhcp
Ruijie(config)# ip dhcp pool dhcp-pool
Ruijie(dhcp-config)# network network-number mask
Ruijie(dhcp-config)# default-router address [address2···address8]
Ruijie(dhcp-config)# option 138 ip A.B.C.D
//DHCP Server下发option 138选项，option 138为AC的IP地址。一般情况下，会使用AC的环回接口（环回接口比较稳定），AP获取AC的IP地址后会与AC建立CAPWAP通信隧道
```

2. WLAN config 配置

```
Ruijie(config)# wlan-config wlan-id [ profile -string ] [ ssid-string ]
```

无线参数说明如下。

- **wlan-id**：指定 WLAN 的 ID，取值范围为 1～4094。
- **profile -string**：该 WLAN 的描述符，可省略，最大长度为 32B。
- **ssid-string**：SSID 标识符，最大长度为 32B。在创建 WLAN 时，必须指定该 WLAN 关联的 SSID，使用 no 命令删除指定 WLAN。

```
Ruijie(config-wlan)#enable-broad-ssid
//开启WLAN的SSID广播，默认会开启SSID广播，通过no命令可以关闭SSID广播
```

3. AP group 配置

```
Ruijie(config)# ap-group ap-group-name
//创建AP组。在默认情况下，系统会自动创建一个AP组default，该组不可删除
Ruijie(config-group)#interface-mapping wlan-id { vlan-id I group vlan-group-id }
[ radio {radio-id | [802.11b | 802.11a]} ] [ ap-wlan-id ap-wlan-id ]
//配置WLAN与VLAN的映射关系
```

4. AP config 配置

```
Ruijie(config)# ap-config ap-name
//创建AP配置，ap-name默认情况下是ap的MAC地址
Ruijie(config-ap)# ap-name ap-name
//配置AP的名称描述
Ruijie(config-ap)#ap-group ap-group
```

```
//关联AP组
Ruijie(config-ap)# channel channel-id radio radio-id
//配置AP工作在指定的信道
```

9.2 无线安全与性能优化

9.2.1 无线安全配置

【配置命令解析】

1. WPA 认证

```
Ruijie(config)#wlansec wlan-id
//进入WLAN的安全配置模式
Ruijie(config-wlansec)#security wpa enable
//配置启用WPA认证模式
Ruijie(config-wlansec)# security wpa ciphers { aes | tkip } { enable | disable }
//配置WPA认证模式的数据加密方式为aes或tkip
Ruijie(config-wlansec)#security wpa akm { psk | 802.1x } { enable | disable }
//配置 WPA认证模式的接入认证方式，psk为预共享密钥认证
Ruijie(config-wlansec)#security wpa akm psk set-key { ascii ascii-key | hex hex-key }
//配置PSK密码，采用ASCII码或十六进制密码
```

2. 静态 WEP 模式

```
Ruijie(config)#wlansec wlan-id
//进入WLAN的安全配置模式
Ruijie(config-wlansec)# security static-wep-key encryption key-length { ascii | hex } key-index key
//key-length为密码长度，密码可以是ASCII码或十六进制密码
Ruijie(config-wlansec)# security static-wep-key authentication { open | share-key }
//认证方式包括开放系统链路认证和共享密钥链路认证两种
```

3. RSN 认证（WPA 2）

```
Ruijie(config)#wlansec wlan-id
Ruijie(config-wlansec)# security rsn { enable | disable }
//启用RSN认证
Ruijie(config-wlansec)#security rsn ciphers { aes | tkip } { enable | disable }
Ruijie(config-wlansec)#security rsn akm { psk | 802.1x } { enable | disable }
Ruijie(config-wlansec)#security rsn akm psk set-key { ascii ascii-key | hex hex-key }
```

9.2.2 无线性能优化

【配置命令解析】

1. WIDS

WIDS（Wireless Intrusion Detection System，无线入侵检测系统）可以对恶意的用户攻击和入侵行为进行早期检测，帮助网络管理者主动发现网络中的隐患，在第一时间对无线攻击者进行主动防御和预警。

```
Ruijie(config)#wids
//进入WIDS配置模式
Ruijie(config-wids)# user-isolation { ac | ap | ssid-ac | ssid-ap | wlan-id num }
enable
//基于AC、AP、SSID AC、SSID AP、指定WLAN ID的二层用户隔离
Ruijie(config-wids)# whitelist { mac-address H.H.H | max num }
//配置白名单，指定白名单列表表项的MAC地址，max用于指定白名单列表长度
```

2. 集中转发与本地转发

```
Ruijie(config-wlan)#tunnel { 8023 | local | local-auth }
//在AC上的WLAN配置模式下，配置该WLAN下的所有AP转发模式为集中转发、本地转发或本地认证转发，
默认模式是集中转发
```

3. 基于 WLAN 的限速

```
Ruijie(config-wlan)#wlan-based { per-user-limit | total-user-limit |
per-ap-limit } { up-streams | down-streams } average-data-rate average-data-rate
burst-data-rate burst-data-rate
```

限速的参数说明如下。

- **per-user-limit**：指定对 WLAN 上的每个用户进行限速。
- **total-user-limit**：指定对整个 WLAN 进行限速。
- **per-ap-limit**：指定对所有的 AP 各自进行整个 WLAN 的限速。
- **up-streams**：指定对上行流量进行限速。
- **down-streams**：指定对下行流量进行限速。
- **average-data-rate**：指定平均速率限制，单位为 8kbps，范围为 8~261120。
- **burst-data-rate**：指定突发速率限制，单位为 8kbps，范围为 8~261120。

4. 调度 session 配置

```
Ruijie(config)# schedule session sid
//调度session ID，其在AC设备上的取值范围为1~64
```

```
Ruijie(config)# schedule session sid time-range n period day1 [ to day2 ] time
hh1:mm1 to hh2:mm2
//指定调度session的调度时间和周期
Ruijie(config-wlan)#schedule session sid
//在WLAN下应用调度session
```

5. AP 带点数配置

```
Ruijie(config-ap)# sta-limit max-num
//在ap-config下，配置AP的带点数
```

6. 无线智能感知

```
Ruijie(config-ap)#ript enable
//当AP与AC间链路不稳定时,在AP与AC间的隧道断开期间,AP仍能提供无线服务,对于本地转发的WLAN,
STA仍然能接入网络,并能访问本地网络资源
```

7. 无线关闭低速率集

无线关闭低速率集可以减少同频、邻频干扰，同时保证信号覆盖。

（1）配置信道。

```
Ruijie (config-ac)# channel  channel radio radio-id
```

在 2.4GHz 模式下，channel 可选 1～13，channel 相隔 5 时不会产生信道干扰，如 1、6、11。在 5GHz 模式下，channel 可选 149、153、157、161、165，两两之间都不互相干扰。radio-id 可选 1、2。

（2）配置功率。

```
Ruijie (config-ac)# power local  power radio radio-id
```

其中，power 可选 1～100，单位为%。radio-id 可选 1、2。

8. 限制低功率站点接入

限制远端弱信号的终端接入，会减少覆盖范围，默认允许接入强度>-70dB·m，配置无线用户 RSSI 最小值，当接收到的无线用户信号的 RSSI 小于这个值时，则不允许该无线用户关联此 AP。通过 no 命令可以恢复默认值。

```
Ruijie(config-ap)#response-rssi rssi
Ruijie(config-ap)#no response-rssi
//当无线用户信号强度低于RSSI时,不允许接入无线网络,只在关联过程中起作用,不会对已经关联上
的用户产生影响。将RSSI调整为30(-95+30=-65dB)，即STA 为-65d·B的信号强度才允许接入
```

9.2.3　无线冗余配置

1. 无线 AC 热备

【配置命令解析】

```
Ruijie(config)#wlan hot-backup ip-address
//配置热备邻居，应该在两台AC设备上配置热备邻居
Ruijie(config-hotbackup)# context context-id
//配置热备实例的标识ID
Ruijie(config-hotbackup-ctx)# local-ip ip-address
//当热备本端IP地址发生变化时，热备连接将断开，之后使用新的本端IP地址建立热备
Ruijie(config-hotbackup-ctx)# priority level priority
//priority的取值范围为0~7，默认为4，7为最高优先级
Ruijie(config-hotbackup-ctx)#ap-group ap-group
//绑定AP组
Ruijie(config-hotbackup-ctx)# dhcp-pool pool-name
//绑定DHCP地址池
Ruijie(config-hotbackup-ctx)# vrrp interface interface-name group vrrp-group
//绑定VRRP组，无线用户网关需要随着热备状态切换
Ruijie(config-hotbackup)# wlan hot-backup enable
//启用热备功能
```

2. 无线 AC 集群

【配置命令解析】

```
Ruijie (config)#ac-controller
//进入AC配置模式
Ruijie (config-ac)# ac-name ac-name
//配置AC名称，AC名称的默认值为Ruijie_Ac_MAC 地址后六位
Ruijie(config-ap)# primary-base ac-name { ip-address | ipv6-address }
//指定AP的首选AC
Ruijie(config-ap)# secondary-base ac-name { ip-address | ipv6-address }
[ switch-back ]
//指定AP的第二选择AC
```

9.3　胖 AP 基础配置

AP（Access Point，无线接入点）是一种控制和管理无线客户端的无线设备。无线网络中的 AP 数量较少，不需要花费太大时间和精力去管理和配置 AP。胖 AP 类似一台二层交换机，担任有线和无线数据转换的角色，没有路由和 NAT 功能。

9.3.1 胖 AP 配置

【配置命令解析】

1. 基础配置

```
Ruijie (config)#ap-mode { fit | fat [ dhcp ] }
//切换AP模式，fit代表瘦AP，fat代表胖AP，dhcp代表设定胖AP使用DHCP获取IP地址
Ruijie (config)# data-plane wireless-broadcast{ enable | disable }
//enable允许广播报文转发到无线网络，一般在AP上配置DHCP时需要用到此功能来增加稳定性
```

注意：在实际案例中，基础配置还包括 VLAN、DHCP 服务器、BVI 接口等信息配置，这里不再全部给出，具体请见案例解析。

2. WLAN 配置

```
Ruijie (config)# dot11 wlan wlan-id
//配置WLAN ID
Ruijie(dot11-wlan-config)# ssid ssid-string
//指定SSID名称
Ruijie(dot11-wlan-config)# broadcast-ssid
//广播SSID
```

3. 射频子接口配置

```
Ruijie (config)# interface dot11radio interface-num
//指定dot11radio子接口编号
Ruijie (config-subif)# encapsulation dot1Q vlan-id
//配置指定dot11radio子接口的VLAN属性，胖AP才能正常转发数据
```

4. 射频口调用 WLAN

```
Ruijie (config-if)# wlan-id wlan-id
//映射到dot11radio子接口的WLAN ID，胖AP提供WLAN服务
```

9.3.2 胖 AP 综合实验

胖 AP 既可以通过 Console 来进行配置，也可以使用更方便的 WEB 页面进行配置。胖 AP 的默认 IP 地址是 192.168.110.1，若使用 WEB 页面进行配置，则需要 PC 与胖 AP 在同一网段，默认登录账号和密码都为 admin。

【案例拓扑】

案例拓扑图如图 9-1 所示。

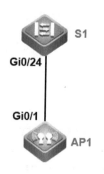

图 9-1　案例拓扑图

设备参数表如表 9-1 所示。

表 9-1　设备参数表

设　　备	接口或 VLAN	VLAN 名称	二层或三层规划	说　　明
S1	Gi0/24		10.1.0.1/24	
AP1	VLAN60		192.168.1.1/24	
AP1	Gi0/1		DHCP 动态获取	

【任务需求】

某高校为满足"互联网+"时代下移动教学的发展趋势，促进校园信息化建设，需要规划和部署无线网络。同时，为保证不同学生利用无线安全、可靠地访问互联网，需要进行无线网络安全及性能优化配置，确保师生有良好的上网体验，具体要求如下。

- AP1 以透明模式进行部署，DHCP 服务器配置在 AP1 上，为无线终端及 AP 分配地址。
- 在无线 AP1 上创建 SSID（WLAN1），配置相关信息为 admin-1。当无线用户关联SSID 后，可以自动获取 VLAN60 的 IP 地址。
- 当无线用户接入无线网络时，需要采用 WEB 认证方式，认证用户名和密码都为user1。

【任务实施】

1. 基础配置
- S1 的基础配置。

```
S1(config)#interface gigabitEehernet0/24
S1(config-if)#no switchport
```

```
S1(config-if)#ip address 10.1.0.1 255.255.255.0
S1(config)#ip route 0.0.0.0 0.0.0.0 10.1.0.2
```

- AP1 的基础配置。

创建无线用户 VLAN 如图 9-2 所示，创建 VLAN1 如图 9-3 所示。

图 9-2　创建无线用户 VLAN

图 9-3　创建 WLAN1

- AP1 的 DHCP 配置。

创建 DHCP 如图 9-4 所示。

图 9-4　创建 DHCP

2．实验调试

（1）查看 IP 地址。

查看 IP 地址如图 9-5 所示。

图 9-5　查看 IP 地址

（2）测试与交换机的通信。

ping 命令测试如图 9-6 所示。

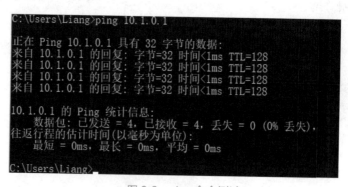

图 9-6　ping 命令测试

9.4 无线综合案例解析

【案例拓扑】

案例拓扑图如图9-7所示。

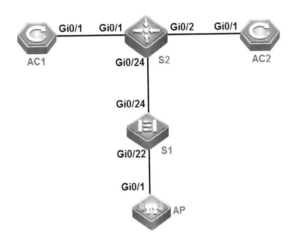

图 9-7　案例拓扑图

设备参数表如表9-2所示。

表 9-2　设备参数表

设　　备	接口或 VLAN	VLAN 名称	二层或三层规划	说　　明
S1	VLAN50	AP	Gi0/21 至 Gi0/22	无线 AP 管理
	VLAN100	Manage	192.168.100.1/24	管理与互联 VLAN
S2	VLAN100	Manage	192.168.100.254/24	管理与互联 VLAN
	Loopback 0		10.10.10.10/32	
	Gi0/1	Trunk		
	Gi0/2	Trunk		
	Gi0/24	Trunk		
AC1	Loopback 0		1.1.1.1/32	
	VLAN50	AP	192.168.50.252/24	无线 AP 管理
	VLAN10	Wireless	192.168.10.252/24	无线用户
	VLAN100	Manage	192.168.100.2/24	管理与互联 VLAN
AC2	Loopback 0		2.2.2.2/32	
	VLAN50	AP	192.168.50.253/24	无线 AP 管理
	VLAN10	Wireless	192.168.10.253/24	无线用户
	VLAN100	Manage	192.168.100.3/24	管理与互联 VLAN

【任务需求】

为满足"互联网+"时代下员工移动办公的发展趋势，公司总部需要规划和部署移动互联无线网络。同时，为保证无线用户安全、可靠地访问互联网，需要进行无线网络安全及性能优化配置，确保员工有良好的上网体验，具体要求如下。

1. 无线网络基础部署

- 使用 AC1 和 AC2 作为无线用户和无线 AP 的 DHCP 服务器。
- 创建无线网 SSID 为 Ruijie-SISO，WLAN ID 为 1，AP-Group 为 SISO，无线用户关联 SSID 后可自动获取地址。

2. AC 热备部署

- AC1 为主 AC，AC2 为备 AC，AP 与 AC1、AC2 之间均建立隧道，当 AP 与 AC1 失去连接时能无缝切换至 AC2 并提供服务。

3. 无线安全部署

- 无线用户接入无线网络需要采用基于 WPA2 的共享密钥认证方式，AES 数据加密，密钥为 sisoap2017。
- 为了保证合法用户可以接入无线内网，所有无线用户使用 MAC 校验方式，在 AC 设备上配置白名单只允许 PC1（无线网卡 MAC 地址为 2658.5a27.073d）接入无线网络中，并配置 AC 白名单数量最多为 10。
- 在同一个 AP 中的用户在某些时候出于安全性的考虑，需要将他们彼此之间进行隔离，实现用户彼此不能互访，配置基于 AC 下的用户隔离功能。

4. 无线性能优化

- 要求无线网络启用集中转发模式。
- 为了保障每个用户的无线体验，采用基于单个用户的限速，限制每个用户无线速率为 4Mbps。
- 配置用户最小接入信号强度为-65dB·m。

【任务实施】

1. 基础配置

- S1 的基础配置。

```
S1(config)#vlan 50
S1(config-vlan)#name AP
```

```
S1(config-vlan)#vlan 100
S1(config-vlan)#name Manage
S1(config-vlan)#exit
S1(config)#interface vlan 100
S1(config-if-VLAN 100)#ip address 192.168.100.1 255.255.255.0
S1(config)#interface range gigabitEthernet 0/21-22
S1(config-if-range)#switchport mode access
S1(config-if-range)#switchport access vlan 50
S1(config)#interface gigabitEthernet 0/24
S1(config-if-GigabitEthernet 0/24)#switchport mode trunk
S1(config-if-GigabitEthernet 0/24)#switchport trunk allowed vlan only 50,100
//上行链路允许AP与管理的流量通过
```

- S2 的基础配置。

```
S2(config)#vlan 100
S2(config-vlan)#name Manage
S2(config)#vlan 50
S2(config-vlan)#name AP
S2(config-vlan)#exit
S2(config)#interface vlan 100
S2(config-if-VLAN 100)#ip address 192.168.100.254 255.255.255.0
S2(config-if-VLAN 100)#interface loopback 0
S2(config-if-Loopback 0)#ip address 10.10.10.10 255.255.255.255
S2(config)#interface range gigabitEthernet 0/1-2
S2(config-if-range)#switchport mode trunk
S2(config-if-range)#switchport trunk allowed vlan only 10,50,100
S2(config)#interface gigabitEthernet 0/24
S2(config-if-GigabitEthernet 0/24)#switchport mode trunk
S2(config-if-GigabitEthernet 0/24)#switchport trunk allowed vlan only 50,100
S2(config)#ip route 1.1.1.1 255.255.255.255 192.168.100.2
//配置去往主AC的路由，保证AC与AP之间路由可达，建立CAPWAP隧道
S2(config)#ip route 2.2.2.2 255.255.255.255 192.168.100.3
//配置去往备AC的路由
S2(config)#ip route 192.168.10.0 255.255.255.0 192.168.100.10
//保证无线用户的静态路由，由于无线热备的原因，网关虚拟化，所以下一跳地址指向虚拟地址
```

- AC1 的基础配置。

```
AC1(config)#vlan 50
AC1(config-vlan)#name AP
AC1(config-vlan)#vlan 10
AC1(config-vlan)#name Wireless
AC1(config-vlan)#vlan 100
```

```
AC1(config-vlan)#name Manage
AC1(config-vlan)#exit
AC1(config)#interface loopback 0
AC1(config-if-Loopback 0)#ip address 1.1.1.1 255.255.255.255
AC1(config)#interface vlan 50
AC1(config-if-VLAN 50)#ip address 192.168.50.252 255.255.255.0
AC1(config-if-VLAN 50)#vrrp 50 ip 192.168.50.254
AC1(config-if-VLAN 50)#vrrp 50 priority 150
//由于热备的原因，所有的无线及AP的VLAN都需要使用VRRP虚拟网关，这样可以跟着热备一起切换
AC1(config-if-VLAN 50)#interface vlan 10
AC1(config-if-VLAN 10)#ip address 192.168.10.252 255.255.255.0
AC1(config-if-VLAN 10)#vrrp 10 ip 192.168.10.254
AC1(config-if-VLAN 10)#vrrp 10 priority 150
AC1(config-if-VLAN 10)#interface vlan 100
AC1(config-if-VLAN 100)#ip address 192.168.100.2 255.255.255.0
AC1(config-if-VLAN 100)#vrrp 100 ip 192.168.100.10
AC1(config-if-VLAN 100)#vrrp 100 priority 150
AC1(config)#interface gigabitEthernet 0/1
AC1(config-if-GigabitEthernet 0/1)#switchport mode trunk
AC1(config-if-GigabitEthernet 0/1)#switchport trunk allowed vlan only 10,50,100
AC1(config)#ip route 0.0.0.0 0.0.0.0 192.168.100.254
//配置出口默认路由
```

- AC2 的基础配置。

```
AC2(config)#vlan 50
AC2(config-vlan)#name AP
AC2(config-vlan)#vlan 10
AC2(config-vlan)#name Wireless
AC2(config-vlan)#vlan 100
AC2(config-vlan)#name Manage
AC2(config-vlan)#exit
AC2(config)#interface loopback 0
AC2(config-if-Loopback 0)#ip address 2.2.2.2 255.255.255.255
AC2(config)#interface vlan 50
AC2(config-if-VLAN 50)#ip address 192.168.50.253 255.255.255.0
AC2(config-if-VLAN 50)#vrrp 50 ip 192.168.50.254
AC2(config-if-VLAN 50)#vrrp 50 priority 120
AC2(config-if-VLAN 50)#interface vlan 10
AC2(config-if-VLAN 10)#ip address 192.168.10.253 255.255.255.0
AC2(config-if-VLAN 10)#vrrp 10 ip 192.168.10.254
AC2(config-if-VLAN 10)#vrrp 10 priority 120
AC2(config-if-VLAN 10)#interface vlan 100
```

```
AC2(config-if-VLAN 100)#ip address 192.168.100.3 255.255.255.0
AC2(config-if-VLAN 100)#vrrp 100 ip 192.168.100.10
AC2(config-if-VLAN 100)#vrrp 100 priority 120
AC2(config)#interface gigabitEthernet 0/1
AC2(config-if-GigabitEthernet 0/1)#switchport mode trunk
AC2(config-if-GigabitEthernet 0/1)#switchport trunk allowed vlan only 10,50,100
AC2(config)#ip route 0.0.0.0 0.0.0.0 192.168.100.254
```

2. DHCP 配置

- AC1 的 DHCP。

```
AC1(config)#service dhcp
//启用DHCP服务
AC1(config)#ip dhcp pool AP
//创建AP的DHCP地址池
AC1(dhcp-config)#network 192.168.50.0 255.255.255.0 192.168.50.1 192.168.50.50
//配置主AC上的DHCP地址池,指定前50个IP
AC1(dhcp-config)#default-router 192.168.50.254
//网关是AC虚拟的网关,这样可以保证任何一个AC故障都能指向活动的网关
AC1(dhcp-config)#option 138 ip 1.1.1.1 2.2.2.2
//option138指定AP的地址,在热备组中主地址在前,备地址在后
AC1(config)#ip dhcp pool VLAN10
//无线用户的DHCP地址池
AC1(dhcp-config)#network 192.168.10.0 255.255.255.0
AC1(dhcp-config)#default-router 192.168.10.254
```

- AC2 的 DHCP。

```
AC2(config)#service dhcp
AC2(config)#ip dhcp pool AP
AC2(dhcp-config)#network 192.168.50.0 255.255.255.0 192.168.50.51
192.168.50.100
AC2(dhcp-config)#default-router 192.168.50.254
AC2(dhcp-config)#option 138 ip 1.1.1.1 2.2.2.2
AC2(config)#ip dhcp pool VLAN10
AC2(dhcp-config)#network 192.168.10.0 255.255.255.0
AC2(dhcp-config)#default-router 192.168.10.254
```

3. 无线网络配置

主备 AC 间关于 WLAN config、AP、AP group 的配置必须完全一致。大部分配置只要求主备 AC 两边均有配置,而部分配置需要保证配置顺序一致。interface-mapping 命令需要保证在同一个 AP group 下配置顺序一致,或者主备 AC 均强制指定相同的 AP WLAN ID,下面给出 AC1 的配置,AC2 的部分配置省略。

（1）WLAN config 配置。

```
AC1(config)#wlan-config 1 Ruijie-SISO
//配置WLAN config 1，ID是1，SSID是Ruijie-SISO
AC1(config-wlan)#enable-broad-ssid
//允许SSID广播（默认）
```

（2）AP group 配置。

```
AC1(config)#ap-group SISO
//创建AP group，名称是SISO
AC1(config-group)#interface-mapping 1 10
//配置WLAN与VLAN的映射关系，WLAN的ID是1，VLAN的编号是10
```

（3）AP config 配置。

```
AC1(config)#ap-config 5869.6ce5.3124
//进入1号AP，默认AP的名字是其MAC地址
AC1(config-ap)#ap-name AP-SISO-1
//重命名1号AP为AP-SISO-1
AC1(config-ap)#ap-group SISO
//指定AP的组
AC1(config-ap)#channel 1 radio 1
//配置AP radio 1的信道为1，工作在2.4GHz模式下
AC1(config-ap)#channel 149 radio 2
//配置AP radio的信道为2，工作在5GHz，配置不同的信道，使得信号不会冲突
AC1(config)#ap-config 5869.6ce5.175c
AC1(config-ap)#ap-name AP-SISO-2
AC1(config-ap)#ap-group SISO
AC1(config-ap)#channel 6 radio 1
AC1(config-ap)#channel 153 radio 2
```

4．无线热备配置

（1）主 AC1 配置。

```
AC1(config)#wlan hot-backup 2.2.2.2
//配置热备组对端的IP地址
AC1(config-hotbackup)#context 1
//配置备份实例
AC1(config-hotbackup-ctx)#priority level 7
//配置AC1热备实例优先级，7表示抢占模式
AC1(config-hotbackup-ctx)#ap-group SISO
//将AP group加入热备实例
AC1(config-hotbackup-ctx)#dhcp-pool AP
//将无线用户地址池加入热备实例，备AC的DHCP将不会响应DHCP
```

```
AC1(config-hotbackup-ctx)#dhcp-pool VLAN10
AC1(config-hotbackup-ctx)#vrrp interface vlan 10 group 10
```
//将无线用户网关VRRP组加入热备实例。如果VRRP状态没有必要随着热备状态切换，就可以不用加入热
备实例
```
AC1(config-hotbackup-ctx)#vrrp interface vlan 50 group 50
AC1(config-hotbackup-ctx)#exit
AC1(config-hotbackup)#wlan hot-backup enable
```
//启用热备功能

（2）备 AC2 配置。

```
AC2(config)#wlan hot-backup 1.1.1.1
```
//热备对端的地址为AC1的地址
```
AC2(config-hotbackup)#context 1
AC2(config-hotbackup-ctx)#priority level 5
```
//优先级为5，比主AC的优先级小
```
AC2(config-hotbackup-ctx)#ap-group SISO
AC2(config-hotbackup-ctx)#dhcp-pool AP
AC2(config-hotbackup-ctx)#dhcp-pool VLAN10
AC2(config-hotbackup-ctx)#vrrp interface vlan 10 group 10
AC2(config-hotbackup-ctx)#vrrp interface vlan 50 group 50
AC2(config-hotbackup-ctx)#exit
AC2(config-hotbackup)#wlan hot-backup enable
```

5. 无线安全配置

（1）无线密码配置。

```
AC1(config)#wlansec 1
AC1(config-wlansec)#security rsn enable
```
//启用无线加密功能
```
AC1(config-wlansec)#security rsn ciphers aes enable
```
//启用无线AES加密
```
AC1(config-wlansec)#security rsn akm psk enable
```
//启用无线共享密钥认证
```
AC1(config-wlansec)#security rsn akm psk set-key ascii sisoap2017
```
//配置无线认证密码为sisoap2017

（2）白名单配置。

```
AC1(config)#wids
AC1(config-wids)#whitelist max 10
```
//AC白名单数量最多为10
```
AC1(config-wids)#whitelist mac-address 2856.5a27.073d
```
//指定白名单MAC地址

（3）用户隔离配置。

```
AC1(config-wids)#user-isolation ac enable
//配置基于AC的无线用户隔离
```

6. 无线性能优化

所有 AC 默认为集中转发模式，所以集中转发不需要配置。

（1）无线用户限速。

```
AC1(config)#wlan-config 1
AC1(config-wlan)#wlan-based per-user-limit down-streams average-data-rate 4000
burst-data-rate 4000
//配置下行限速为4Mbps
AC1(config-wlan)#wlan-based per-user-limit up-streams average-data-rate 4000
burst-data-rate 4000
//配置上行限速为4Mbps
```

（2）配置接入信息强度。

```
AC1(config)#ap-config AP-SISO-1
//进入AP config
AC1(config-ap)#response-rssi 65 radio 1
//配置信号强度最小为65dB·m
AC1(config-ap)#response-rssi 65 radio 2
AC1(config)#ap-config AP-SISO-2
AC1(config-ap)#response-rssi 65 radio 1
AC1(config-ap)#response-rssi 65 radio 2
```

7. 实验调试

（1）查看 AP 在线状态。

```
AC1#show ap-config summary
========= show ap status =========
Radio: Radio ID
     E = enabled, D = disabled, N = Not exist
     Current Sta number
     Channel: * = Global
     Power Level = Percent


Online AP number: 2
//AP在线数量为2
Offline AP number: 0
```

```
AP Name     IP Address   Mac Address    Radio       Radio      Up/Off time    State
----------- ------------ -------------- ----------- ------------------------
------------------- -------------- -----
AP-SISO-1  192.168.50.1 5869.6ce5.3124 1 E 0 1  100 2 E 0 149  100   0:01:27:24 Run
AP-SISO-2  192.168.50.2 5869.6ce5.175c 1 E 1 6  100 2 E 0 153  100   0:01:27:21 Run
```

以上输出结果显示了两台 AP 的在线情况，以及 radio 工作的信道、发送功率、AP 在线时间等信息。

（2）查看无线热备状态。

```
AC1#show wlan hot-backup 2.2.2.2
wlan hot-backup 2.2.2.2
  hot-backup     : Enable
  connect state  : CHANNEL_UP
  hello-interval : 1000
  kplv-pkt       : ip
  work-mode      : NORMAL
  !
  context 1
hot-backup role              : PAIR-ACTIVE
//ACTIVE表示热备处于活动状态
  hot-backup rdnd state  : REALTIME-SYN
  hot-backup priority    : 7
```

（3）查看无线加密信息。

```
AC1#show wlan security 1
WLAN SSID          : Ruijie-SISO
Security Policy    : PSK
WPA version        : RSN(WPA2)
//采用的WPA2加密方式
AKM type           : preshare key
//共享密钥
pairwise cipher type: AES
group cipher type  : AES
wpa_passhraselen   : 10
wpa_passphrase     : 73 69 73 6f 61 70 32 30 31 37
group key          : e0 1f 24 e8 68 dc a4 e4 6b 43 55 79 07 48 fa fd
```

（4）查看白名单信息。

```
AC1#show wids whitelist

------------- White list Information ----------------
```

143

```
NUM          MAC-ADDRESS
1            2856.5a27.073d
```

以上输出结果显示了白名单的信息。

（5）查看用户接入信息。

```
AP-SISO-2>show dot11 associations all-client
//在AP上查看用户接入信息
RADIO-ID WLAN-ID ADDR                    AID   CHAN  RATE_DOWN    RATE_UP   RSSI
1        1       28:56:5a:27:07:3d  1     6     1.0M         72.5M     46
ASSOC_TIME   IDLE TXSEQ  RXSEQ   ERP   STATE  CAPS HT CAPS   VHT_MU_CAP
0:01:37      0    26     4496    0x0   0x13   ERSs    M      SU
```

以上输出结果显示了用户接入信息，工作信道编号为 6，关联速率为 72.5Mbps，信号
强度为 46dB·m，关联时间为 1 分 37 秒。

第10章

IPv6 技术

IPv6（Internet Protocol version 6，第 6 版互联网协议）是下一代 Internet 的关键协议，国内几大运营商已经在核心网络部署了 IPv6 网络的基础架构。IPv6 取代 IPv4 的趋势是不会改变的，IPv6 将成为未来网络的国际协议。

IPv6 引进的主要变化如下。

- 更大的地址空间。IPv6 将地址从 IPv4 的 32bit 增大到了 128bit。
- 灵活的首部格式，可以改进数据包的处理能力。
- 流标签功能，可以提供强大的 QoS 保障机制。
- 支持即插即用（自动配置）和资源的预分配。

IPv6 的表示方法：每个 16bit 的值用十六进制值表示，各值之间用冒号分隔，如 68E6:8C64:FFFF:FFFF:0:1180:960A:FFFF。

IPv6 地址可以使用零压缩（Zero Compression），即一连串连续的零可以用一对冒号取代。例如，FF05:0:0:0:0:0:0:B3 可以写成 FF05::B3。在一个 IPv6 地址中，零压缩只能使用一次。

10.1 IPv6 基础配置

【配置命令解析】

```
Ruijie(config)#ipv6 unicast-routing          //启用IPv6路由功能
Ruijie(config)#interface interface-type interface-number
Ruijie(config-if)#ipv6 enable
Ruijie(config-if)#no ipv6 nd suppress-ra     //启用路由通告功能
Ruijie(config-if)#ipv6 address ipv6-address/prefix-length [link-local|eui-64]
```

10.2　IPv6 VRRP 基础配置

【配置命令解析】

```
Ruijie(config)# interface  interface-type interface-number
Ruijie(config-if)#vrrp goup-number ipv6 fe80::          //本地链路地址
Ruijie(config-if)#vrrp goup-number ipv6 virtual-router ipv6 address
//配置IPv6组及地址
Ruijie(config-if)#vrrp ipv6 group-number priority priority-vlaue(default
value:100)  //配置IPv6组优先级
Ruijie(config-if)#vrrp ipv6 group-number accept_mode   //处理虚拟IPv6地址
```

10.3　OSPFv3 基础配置

【配置命令解析】

```
Ruijie(config)#ipv6 unicast-routing              //启用IPv6路由功能
Ruijie(config)#ipv6 router ospf [ospf process ID] //启用OSPFv3
Ruijie(config-router)#router-id [ospf router-id in ip address format]
Ruijie(config-router)#exit
Ruijie(config)# interface interface-type interface-number
Ruijie(config-if)#ipv6 ospf [ospf process ID] area [area-number] //在接口下宣告路由
Ruijie(config-router)#exit
```

10.4　IPv6 综合案例

【案例拓扑】

案例拓扑图如图 10-1 所示。

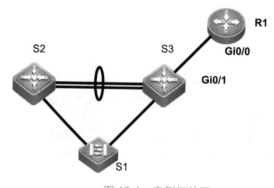

图 10-1　案例拓扑图

IPv4 设备参数表如表 10-1 所示、IPv6 设备参数表如表 10-2 所示。

表 10-1　IPv4 设备参数表

设　　备	接　　口	IPv4 地址	子 网 掩 码
S1	VLAN100	192.168.100.1	255.255.255.0
S2	VLAN10	192.168.10.252	255.255.255.0
S2	VLAN100	192.168.100.252	255.255.255.0
S3	VLAN10	192.168.10.253	255.255.255.0
S3	VLAN100	192.168.100.253	255.255.255.0
S3	Gi0/1	10.1.0.1	255.255.255.252
R1	Gi0/0	10.1.0.2	255.255.255.252

表 10-2　IPv6 设备参数表

设　　备	接　　口	IPv6 地址	VRRP 组号	虚拟 IP
S2	VLAN10	2001:192:10::252/64	10	2001:192:10::254
S2	VLAN100	2001:192:100::252/64	100	2001:192:100::254
S3	VLAN10	2001:192:10::253/64	10	2001:192:10::254
S3	VLAN100	2001:192:100::253/64	100	2001:192:100::254
S3	Gi0/1	2001:193:1::1/64	N/A	N/A
R1	Gi0/0	2001:193:1::2/64	N/A	N/A

【任务需求】

- 根据表 10-2 在 S2、S3 和 R1 上配置 IPv6 地址。
- 在 S2 和 S3 上配置 VRRP for IPv6，实现主机的 IPv6 网关冗余，以 S3 为实际网关，高优先级为 150，低优先级为 120。
- 在 S2、S3 和 R1 上启用 OSPFv3，进程号为 10，区域号为 0。

【任务实施】

1. IPv6 的基础配置

- R1 的 IPv6 基础配置。

```
R1(config)# interface GigabitEthernet 0/0
R1(config-if-GigabitEthernet 0/0)#ipv6 enable
//启用接口IPv6协议
R1(config-if-GigabitEthernet 0/0)#no ipv6 nd suppress-ra
//在接口上允许路由器通告报文发送
```

147

```
R1(config-if-GigabitEthernet 0/0)#ipv6 address 2001:193:1::2/64
//配置IPv6地址信息
R1(config-if-GigabitEthernet 0/0)#exit
```

- S2 的 IPv6 基础配置。

```
S2(config)#ipv6 unicast-routing
//开启单播路由，此命令默认开启
S2(config)# interface vlan 10
S2(config-if-VLAN 10)#ipv6 enable
S2(config-if-VLAN 10)#no ipv6 nd suppress-ra
S2(config-if-VLAN 10)#ipv6 address 2001:192:10::252/64
S2(config-if-VLAN 10)#exit
S2(config)# interface vlan 100
S2(config-if-VLAN 100)#ipv6 enable
S2(config-if-VLAN 100)# no ipv6 nd suppress-ra
S2(config-if-VLAN 100)#ipv6 address 2001:192:100::252/64
S2(config-if-VLAN 100)#exit
```

- S3 的 IPv6 基础配置。

```
S3(config)#ipv6 unicast-routing
S3(config)# interface GigabitEthernet 0/1
S3(config-if-GigabitEthernet 0/1)#ipv6 enable
S3(config-if-GigabitEthernet 0/1)#no ipv6 nd suppress-ra
S3(config-if-GigabitEthernet 0/1)#ipv6 address 2001:193:1::1/64
S3(config-if-GigabitEthernet 0/1)#exit
S3(config)# interface vlan 10
S3(config-if-VLAN 10)#ipv6 enable
S3(config-if-VLAN 10)# no ipv6 nd suppress-ra
S3(config-if-VLAN 10)#ipv6 address 2001:192:10::253/64
S3(config-if-VLAN 10)#exit
S3(config)# interface vlan 100
S3(config-if-VLAN 100)#ipv6 enable
S3(config-if-VLAN 100)# no ipv6 nd suppress-ra
S3(config-if-VLAN 100)#ipv6 add 2001:192:100::253/64
S3(config-if-VLAN 100)#exit
```

2. IPv6 VRRP 基础配置

- S2 的 IPv6 VRRP 基础配置。

```
S2(config)# interface vlan 10
S2(config-if-VLAN 10)#vrrp 10 ipv6 fe80::1
//创建VRRP组并配置虚拟IPv6地址
S2(config-if-VLAN 10)#vrrp 10 ipv6 2001:192:10::254
```

```
S2(config-if-VLAN 10)#vrrp ipv6 10 priority 120
//调整VRRP组的优先级为120
S2(config-if-VLAN 10)#vrrp ipv6 10 accept_mode
//配置VRRP accept_mode模式
S2(config-if-VLAN 10)#exit
S2(config)#int vlan 100
S2(config-if-VLAN 100)#vrrp 100 ipv6 fe80::1
S2(config-if-VLAN 100)#vrrp 100 ipv6 2001:192:100::254
S2(config-if-VLAN 100)#vrrp ipv6 100 priority 120
S2(config-if-VLAN 100)#vrrp ipv6 100 accept_mode
S2(config-if-VLAN 100)#exit
```

- S3 的 IPv6 VRRP 基础配置。

```
S3(config)# interface vlan 10
S3(config-if-VLAN 10)#vrrp 10 ipv6 fe80::1
S3(config-if-VLAN 10)#vrrp 10 ipv6 2001:192:10::254
S3(config-if-VLAN 10)#vrrp ipv6 10 priority 150
S3(config-if-VLAN 10)#vrrp ipv6 10 accept_mode
S3(config-if-VLAN 10)#exit
S3(config)#interface vlan 100
S3(config-if-VLAN 100)#vrrp 100 ipv6 fe80::1
S3(config-if-VLAN 100)#vrrp 100 ipv6 2001:192:100::254
S3(config-if-VLAN 100)#vrrp ipv6 100 priority 150
S3(config-if-VLAN 100)#vrrp ipv6 100 accept_mode
S3(config-if-VLAN 100)#exit
```

- 查看 VRRP 状态。

```
S2#show ipv6 vrrp brief
Interface Grp  Pri  timer Own  Pre State   Master addr                 Group addr
VLAN 10   10   120  3.53   -   P   Backup  FE80::5A69:6CFF:FED5:75EE   FE80::1
VLAN 100  100  120  3.53   -   P   Backup  FE80::5A69:6CFF:FED5:75EE   FE80::1


S3#show ipv6 vrrp brief
Interface Grp  Pri  timer Own  Pre State   Master addr                 Group addr
VLAN 10   10   150  3.41   -   P   Master  FE80::5A69:6CFF:FED5:75EE   FE80::1
VLAN 100  100  150  3.41   -   P   Master  FE80::5A69:6CFF:FED5:75EE   FE80::1
```

3. OSPFv3 基础配置

- S2 的 OSPFv3 配置。

```
S2(config)#ipv6 router ospf 10
S2(config-router)#passive-interface vlan 10
S2(config-router)#exit
```

```
S2(config)# interface vlan 10
S2(config-if-VLAN 10)#ipv6 ospf 10 area 0
S2(config-if-VLAN 10)#exit
S2(config)# interface vlan 100
S2(config-if-VLAN 100)#ipv6 ospf 10 area 0
S2(config-if-VLAN 100)#exit
```

- S3 的 OSPFv3 配置。

```
S3(config)#ipv6 router ospf 10
S3(config-router)#passive-interface vlan 10
S3(config-router)#exit
S3(config)# interface GigabitEthernet 0/1
S3(config-if-GigabitEthernet 0/1)#ipv6 ospf 10 area 0
S3(config-if-GigabitEthernet 0/1)#exit
S3(config)# interface vlan 10
S3(config-if-VLAN 10)#ipv6 ospf 10 area 0
S3(config-if-VLAN 10)#exit
S3(config)# interface vlan 100
S3(config-if-VLAN 100)#ipv6 ospf 10 area 0
S3(config-if-VLAN 100)#exit
```

- R1 的 OSPFv3 配置。

```
R1(config)# interface GigabitEthernet 0/0
R1(config-if-GigabitEthernet 0/0)#ipv6 ospf 10 area 0
R1(config-if-GigabitEthernet 0/0)#exit
```

4. 查看 OSPFv3 邻居状态

- S2 的 OSPFv3 邻居。

```
S2#show ipv6 ospf neighbor
OSPFv3 Process (10), 1 Neighbors, 1 is Full:
Neighbor ID      Pri    State     Dead Time    Instance ID    Interface
192.168.100.253  1      Full/DR   00:00:30     0              VLAN 100
```

- S3 的 OSPFv3 邻居。

```
S3#show ipv6 ospf neighbor
OSPFv3 Process (10), 2 Neighbors, 2 is Full:
Neighbor ID      Pri    State     Dead Time    Instance ID    Interface
10.1.0.2         1      Full/DR   00:00:36     0              GigabitEthernet 0/1
192.168.100.252  1      Full/BDR  00:00:36     0              VLAN 100
```

- R1 的 OSPFv3 邻居。

```
R1#show ipv6 ospf neighbor
OSPFv3 Process (10), 1 Neighbors, 1 is Full:
Neighbor ID     Pri State BFD State Dead Time  Instance ID  Interface
192.168.100.253 1  Full/BDR  -       00:00:31       0        GigabitEthernet 0/0
```

5. 查看 IPv6 路由表

- S2 的 IPv6 路由表。

```
S2#show ipv6 route
C    2001:192:10::/64 via VLAN 10, directly connected
L    2001:192:10::252/128 via VLAN 10, local host
C    2001:192:100::/64 via VLAN 100, directly connected
L    2001:192:100::252/128 via VLAN 100, local host
O    2001:193:1::/64 [110/2] via FE80::5A69:6CFF:FED5:75EE, VLAN 100
C    FE80::/10 via ::1, Null0
C    FE80::/64 via VLAN 10, directly connected
L    FE80::5A69:6CFF:FED5:7604/128 via VLAN 10, local host
C    FE80::/64 via VLAN 100, directly connected
L    FE80::5A69:6CFF:FED5:7604/128 via VLAN 100, local host
```

- S3 的 IPv6 路由表。

```
S3#show ipv6 route
C    2001:192:10::/64 via VLAN 10, directly connected
L    2001:192:10::253/128 via VLAN 10, local host
L    2001:192:10::254/128 [0/0] via VLAN 10
C    2001:192:100::/64 via VLAN 100, directly connected
L    2001:192:100::253/128 via VLAN 100, local host
L    2001:192:100::254/128 [0/0] via VLAN 100
C    2001:193:1::/64 via GigabitEthernet 0/1, directly connected
L    2001:193:1::1/128 via GigabitEthernet 0/1, local host
C    FE80::/10 via ::1, Null0
C    FE80::/64 via GigabitEthernet 0/1, directly connected
L    FE80::5A69:6CFF:FED5:75EE/128 via GigabitEthernet 0/1, local host
C    FE80::/64 via VLAN 10, directly connected
L    FE80::1/128 [0/0] via VLAN 10
L    FE80::5A69:6CFF:FED5:75EE/128 via VLAN 10, local host
C    FE80::/64 via VLAN 100, directly connected
L    FE80::1/128 [0/0] via VLAN 100
L    FE80::5A69:6CFF:FED5:75EE/128 via VLAN 100, local host
```

- R1 的 IPv6 路由表。

```
R1#show ipv6 route
L       ::1/128 via Loopback, local host
O       2001:192:10::/64 [110/2] via FE80::5A69:6CFF:FED5:75EE, GigabitEthernet
0/0
O       2001:192:100::/64 [110/2] via FE80::5A69:6CFF:FED5:75EE, GigabitEthernet
0/0
C       2001:193:1::/64 via GigabitEthernet 0/0, directly connected
L       2001:193:1::2/128 via GigabitEthernet 0/0, local host
L       FE80::/10 via ::1, Null0
C       FE80::/64 via GigabitEthernet 0/0, directly connected
L       FE80::5A69:6CFF:FEB8:7056/128 via GigabitEthernet 0/0, local host
```

第二部分 网络系统管理赛项真题剖析

扫一扫，
看微课

真题解析配置脚本

网络系统管理赛项的比赛内容主要涉及的技术考核点分为三部分,第一部分是网络规划与实施;第二部分是操作系统;第三部分是赛场规范和文档规范。第一部分网络规划与实施包含下面的模块。

- 模块一:无线网络规划与实施。
- 模块二:云计算融合网络部署。
- 模块三:移动互联网络组建与优化。
- 模块四:网络空间安全部署。

本书在真题剖析部分只介绍第一部分的云计算融合网络部署和移动互联网络组建,其他的信息请参考网络技能大赛其他指导丛书,该部分所使用的网络设备及线缆如表 1-1 所示。

表 1-1 网络设备及线缆

序号	类别	设 备	厂商	型 号	数量
1	硬件	出口网关	锐捷	RG-EG2000	2 台
2	硬件	路由器	锐捷	RG-RSR20-14E（LAB）	3 个
3	硬件	串口接口模块	锐捷	RG-SIC-1HS	6 个
4	硬件	串口线缆	锐捷	CAB-V.35DTE-V.35DCE	3 条
5	硬件	数据中心交换机	锐捷	RG-S6000C-48GT4XS-E	2 台
6	硬件	电源模块	锐捷	RG-PA70I	2 个
7	硬件	VSU 堆叠电缆	锐捷	XG-SFP-CU1M	2 条
8	硬件	三层交换机	锐捷	RG-S5750-24GT4XS-L	3 台
9	硬件	二层接入交换机	锐捷	RG-S2910-24GT4XS-E	2 台
10	硬件	无线控制器	锐捷	RG-WS6008	2 个
11	硬件	无线 AP	锐捷	RG-AP520	3 台
12	硬件	电源适配器	锐捷	RG-E-120	3 个

一、赛题背景

国内某数通网络集团公司业务不断发展壮大,在亚太地区建立了分部。为了更好地促进分部业务的发展及与总部的交流,需要进行分部信息化建设。同时为了更好地管理数据,提供服务,集团决定建立自己的小型数据中心及云计算服务平台,以达到快速、可靠交换数据,以及增强业务部署弹性的目的。考虑到员工移动办公的需求,在总部及所有分部有线网络的基础上建设无线网络,并为员工访问互联网申请独立的运营商线路避免访问互联网数据过多影响正常业务数据的交互,同时针对访问互联网数据进行身份认证与信息审计,确保用网安全。

二、云计算融合网络部署

1. 云计算融合网络业务需求说明

集团网络项目规划与建设的需求如下。

① 本部与分部均需要部署无线网络，满足移动办公的需求。

② 部署防止环路、数据负载均衡等相关策略，确保接入层业务安全、可靠。

③ 在出口部署认证、流控、VPN 等相关策略，确保出口数据安全、可靠。

④ 在总部与分部之间部署冗余和链路加密等功能，实现安全可靠的数据传输。

⑤ 在数据中心交换机上部署虚拟组网，为云计算平台提供高可用性的网络接入服务等。

2. 云计算融合网络拓扑设计

1）网络拓扑说明

集团网络设有研发、市场、供应链、售后等 4 个部门，统一进行 IP 地址及业务资源的规划和分配。集团总部及亚太地区的网络拓扑结构图如图 1-1 所示，相关说明如下。

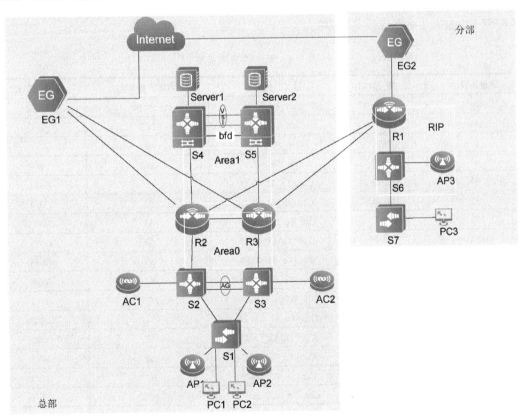

图 1-1　网络拓扑结构图

- 两台 S6000 交换机，编号分别为 S4、S5，用于服务器高速接入。
- 两台 S5750 交换机，编号分别为 S2、S3，作为总部的核心交换机。
- 两台 RSR20 路由器，编号分别为 R2、R3，作为总部的核心路由器。
- 一台 EG2000 出口网关，编号为 EG1，作为总部互联网出口网关 1。
- 一台 S2910 交换机，编号为 S1，作为总部接入交换机。
- 一台 RSR20 路由器，编号为 R1，作为分支机构路由器。
- 一台 EG2000 出口网关，编号为 EG2，作为分部互联网出口网关 2。
- 一台 S5750 交换机，编号为 S6，作为分部核心交换机。
- 一台 S2910 交换机，编号为 S7，作为分部接入交换机。
- 3 台 AP520 无线 AP，编号分别为 AP1、AP2、AP3，分别作为总部与分部的无线接入点。

2）网络拓扑连线要求与说明

设备互联规范主要对各种网络设备的互联进行规范定义，在项目实施中，若用户无特殊要求，则应根据规范要求进行各级网络设备的互联，统一现场设备互联界面，结合规范的线缆标签，使网络结构清晰明了，方便后续的维护。网络物理连接表如表 1-2 所示，请根据图 1-1 及表 1-2 完成设备的连线。

表 1-2　网络物理连接表

源设备名称	设 备 接 口	接 口 描 述	目标设备名称	设 备 接 口
S1	Gi0/1	Con_To_PC1	PC1	
S1	Gi0/5	Con_To_PC2	PC2	
S1	Gi0/21	Con_To_AP1	AP1	
S1	Gi0/22	Con_To_AP2	AP2	
S1	Gi0/23	Con_To_S2_Gi0/1	S2	Gi0/1
S1	Gi0/24	Con_To_S3_Gi0/1	S3	Gi0/1
S2	Gi0/1	Con_To_S1_Gi0/23	S1	Gi0/23
S2	Gi0/2	Con_To_S3_Gi0/2	S3	Gi0/2
S2	Gi0/3	Con_To_S3_Gi0/3	S3	Gi0/3
S2	Gi0/4	Con_To_R2_Gi0/0	R2	Gi0/0
S2	Gi0/5	Con_To_AC1_Gi0/1	AC1	Gi0/1
S3	Gi0/1	Con_To_S1_Gi0/24	S1	Gi0/24
S3	Gi0/2	Con_To_S2_Gi0/2	S2	Gi0/2
S3	Gi0/3	Con_To_S2_Gi0/3	S2	Gi0/3
S3	Gi0/4	Con_To_R3_Gi0/0	R3	Gi0/0
S3	Gi0/5	Con_To_AC2_Gi0/1	AC2	Gi0/1
R2	FA1/1	Con_To_S4_Gi0/1	S4	Gi0/1
R2	Gi0/0	Con_To_S2_Gi0/4	S2	Gi0/4

源设备名称	设 备 接 口	接 口 描 述	目标设备名称	设 备 接 口
R2	Gi0/1	Con_To_EG1_Gi0/0	EG1	Gi0/0
R2	S2/0	Con_To_R1_S2/0	R1	S2/0
R2	S3/0	Con_To_R3_S3/0	R3	S3/0
R3	FA1/1	Con_To_S5_Gi0/1	S5	Gi0/1
R3	Gi0/0	Con_To_S3_Gi0/4	S3	Gi0/4
R3	Gi0/1	Con_To_EG1_Gi0/1	EG1	Gi0/1
R3	S2/0	Con_To_R1_S3/0	R1	S3/0
R3	S3/0	Con_To_R2_S3/0	R2	S3/0
S4	Gi0/1	Con_To_R2_FA1/1	R2	FA1/1
S4	Gi0/2	Con_To_S5_Gi0/2	S5	Gi0/2
S4	Gi0/5	Con_To_Cloud_M	云平台（主用）	
S4	Te0/49		S5	Te0/49
S4	Te0/50		S5	Te0/50
S5	Gi0/1	Con_To_R3_FA1/1	R3	FA1/1
S5	Gi0/2	Con_To_S4_Gi0/2	S4	Gi0/2
S5	Gi0/5	Con_To_Cloud_B	云平台（备用）	
S5	Te0/49		S4	Te0/49
S5	Te0/50		S4	Te0/50
R1	S2/0	Con_To_R2_S2/0	R2	S2/0
R1	S3/0	Con_To_R3_S2/0	R3	S2/0
R1	Gi0/0	Con_To_S6_Gi0/1	S6	Gi0/1
R1	Gi0/1	Con_To_EG2_Gi0/0	EG2	Gi0/0
S6	Gi0/1	Con_To_R1_Gi0/0	R1	Gi0/0
S6	Gi0/2	Con_To_AP3_Gi0/0	AP3	Gi0/0
S6	Gi0/3	Con_To_S7_Gi0/24	S7	Gi0/24
S7	Gi0/1	Con_To_PC3	PC3	
S7	Gi0/24	Con_To_S6_Gi0/3	S6	Gi0/3
EG1	GI0/0	Con_To_R2_Gi0/1	R2	Gi0/1
EG1	GI0/1	Con_To_R3_Gi0/1	R3	Gi0/1
EG1	GI0/2	Con_To_EG2_Gi0/2	EG2	GI0/2
EG2	GI0/0	Con_To_R1_Gi0/1	R1	Gi0/1
EG2	GI0/2	Con_To_EG1_Gi0/2	EG1	GI0/2

公司有 4 个不同的业务部门和分部，彼此间需要互联互通，同时需要对某些业务进行互访限制。另外，各业务对网络可靠性要求较高，要求网络核心区域发生故障时的中断时间尽可能短。还有，在进行网络部署时要考虑到网络的可管理性，并合理利用网络资源。

3. 云计算融合网络部署

1）虚拟局域网及 IPv4 地址部署

为了减少广播，需要规划并配置 VLAN，具体要求如下。

- 配置合理，Trunk 链路上不允许不必要的 VLAN 数据流通过。
- 为节省 IP 资源，隔离广播风暴、病毒攻击，控制接口二层互访，在分部 S6、S7 交换机上使用 Private VLAN。
- 为隔离网络中部分终端用户间的二层互访，在交换机 S1 上使用接口保护功能。
- 根据上述信息及表 1-3、表 1-4，在各设备上完成 VLAN 配置和接口分配及 IPv4 地址部署。

表 1-3　网络设备名称表

拓扑图中设备名称	配置主机名（hostname 名）
S1	ZB-S2910-01
S2	ZB-S5750-01
S3	ZB-S5750-02
S4	ZB-VSU-S6000
S5	ZB-VSU-S6000
S6	FB-S5750-01
S7	FB-2910-01
R1	FB-RSR20-01
R2	ZB-RSR20-01
R3	ZB-RSR20-02
AC1	ZB-WS6008-01
AC2	ZB-WS6008-02
EG1	ZB-EG2000-01
EG2	FB-EG2000-01
AP1	ZB-AP520-01
AP2	ZB-AP520-02
AP3	FB-AP520-01

表 1-4 IPv4 地址部署表

设备	接口或 VLAN	VLAN 名称	二层或三层规划	说明
S1	VLAN10	Res	Gi0/1 至 Gi0/4	研发
	VLAN20	Sales	Gi0/5 至 Gi0/8	市场
	VLAN30	Supply	Gi0/9 至 Gi0/12	供应链
	VLAN40	Service	Gi0/13 至 Gi0/16	售后
	VLAN50	AP	Gi0/21 至 Gi0/22	无线 AP
	VLAN100	Manage	192.1.100.4/24	设备管理 VLAN

设备	接口或 VLAN	VLAN 名称	二层或三层规划	说明
S2	VLAN10	Res	192.1.10.252/24	研发
	VLAN20	Sales	192.1.20.252/24	市场
	VLAN30	Supply	192.1.30.252/24	供应链
	VLAN40	Service	192.1.40.252/24	售后
	VLAN50	AP	192.1.50.252/24	无线 AP
	VLAN100	Manage	192.1.100.252/24	设备管理 VLAN
	Gi0/4		10.1.0.1/30	
	Gi0/5		TRUNK	互联 AC
	Loopback 0		11.1.0.202/32	
S3	VLAN10	Res	192.1.10.253/24	研发
	VLAN20	Sales	192.1.20.253/24	市场
	VLAN30	Supply	192.1.30.253/24	供应链
	VLAN40	Service	192.1.40.253/24	售后
	VLAN50	AP	192.1.50.253/24	无线 AP
	VLAN100	Manage	192.1.100.253/24	设备管理 VLAN
	Gi0/4		10.1.0.5/30	
	Gi0/5		TRUNK	互联 AC
	Loopback 0		11.1.0.203/32	
AC1	Loopback 0		11.1.0.204/32	
	VLAN60	Wiressless	192.1.60.252/24	无线用户
	Vlan100	Manage	192.1.100.2/24	管理与互联 VLAN
AC2	Loopback 0		11.1.0.205/32	
	VLAN60	Wiressless	192.1.60.253/24	无线用户
	Vlan100	Manage	192.1.100.3/24	管理与互联 VLAN
S4	VLAN100	Con_To_Cloud	193.1.0.1/30	互联云平台
	Gi0/1		10.1.0.9/30	
	Loopback 0		11.1.0.45/32	
S5	VLAN100	Con_To_Cloud	193.1.0.1/30	互联云平台（备用）
	Gi0/1		10.1.0.13/30	
	Loopback 0		11.1.0.45/32	
EG1	GI0/2		195.1.0.1/24	与 EG2 互联
	GI0/0		10.1.0.34/30	
	GI0/1		10.1.0.38/30	
	Loopback 0		11.1.0.11/32	
EG2	GI0/2		195.1.0.2/24	与 EG1 互联
	GI0/0		10.1.0.42/30	
	Loopback 0		11.1.0.12/32	
R1	S2/0		10.1.0.17/30	
	S3/0		10.1.0.21/30	

设备	接口或 VLAN	VLAN 名称	二层或三层规划	说明
R1	Gi0/0		10.1.0.25/30	
	Gi0/1		10.1.0.41/30	
	Loopback 0		11.1.0.1/32	
R2	Gi0/0		10.1.0.2/30	
	FA1/1（VLAN100）		10.1.0.10/30	SVI 接口互联
	Gi0/1		10.1.0.33/30	
	S2/0		10.1.0.18/30	
	S3/0		10.1.0.29/30	
	Loopback 0		11.1.0.2/32	
R3	Gi0/0		10.1.0.6/30	
	FA1/1（VLAN100）		10.1.0.14/30	SVI 接口互联
	Gi0/1		10.1.0.37/30	
	S2/0		10.1.0.22/30	
	S3/0		10.1.0.30/30	
	Loopback 0		11.1.0.3/32	
S6	Gi0/1		10.1.0.26/30	
	VLAN10	PVLAN	194.1.10.254/24	分部有线用户
	VLAN20	Wireless_user	194.1.20.254/24	分部无线用户
	VLAN30	AP	194.1.30.254/24	分部无线 AP
	VLAN100	Manage	194.1.100.254/24	设备管理 VLAN
	Loopback 0		11.1.0.6/32	
S7	VLAN10	PVLAN		Primary VLAN
	VLAN11	Community_vlan	Gi0/1 至 Gi0/4	Community VLAN
	VLAN12	Isolated_vlan	Gi0/5 至 Gi0/8	Isolated VLAN
	VLAN100	Manage	194.1.100.1/24	设备管理 VLAN
PC	PC1		自动获取	
	PC2		192.1.20.2/24	
	PC3		194.1.10.2/24	

2）MSTP 及 VRRP 部署

在总部交换机 S2、S3 上配置 MSTP 防止二层环路；要求所有数据流通过 S2 转发，当 S2 失效时通过 S3 转发。所配置的参数要求如下。

- region-name 为 ruijie。
- revision 版本号为 1。
- 实例值为 1。
- S2 作为实例中的主根，S3 作为实例中的从根。

在 S2 和 S3 上配置 VRRP，实现主机的网关冗余，所配置的参数要求如表 1-5 所示。

表 1-5　S2 和 S3 的 VRRP 参数表

VLAN	VRRP 备份组号（VRID）	VRRP 虚拟 IP
VLAN10	10	192.1.10.254
VLAN20	20	192.1.20.254
VLAN30	30	192.1.30.254
VLAN40	40	192.1.40.254
VLAN50	50	192.1.50.254
VLAN100（交换机间）	100	192.1.100.254

- S2 作为所有主机的实际网关，S3 作为所有主机的备份网关。其中，各 VRRP 组中高优先级配置为 150，低优先级配置为 120。
- 配置 VRRP 主设备监控上行物理接口 IP，当上行接口发生故障时，VRRP 优先级下降 60。

3）DHCP 中继与安全

在交换机 S2、S3 上配置 DHCP 中继，对 VLAN10 内的用户进行中继，使得总部 PC1 用户使用 DHCP Relay 方式获取 IP 地址，具体要求如下。

- DHCP 服务器搭建于 R2 上。
- 为了防御动态环境局域网 ARP 欺骗，在 S1 交换机上部署 DHCP Snooping+DAI 功能。

4）网络设备虚拟化

两台核心交换机通过 VSU 虚拟化为一台设备进行管理，从而实现高可靠性。当任意一台交换机故障时，都能保障实现设备、链路切换，保护客户业务。

- 规划 S4 和 S5 间的 Te0/29-30 接口作为 VSL 链路，使用 VSU 技术实现网络设备虚拟化。其中 S4 为主机，S5 为备机。
- 规划 S4 和 S5 间的 Gi0/2 接口作为双主机检测链路，配置基于 BFD 的双主机检测，当 VSL 的所有物理链路都异常断开时，备机会切换成主机，从而保障网络正常。
- 主设备：Domain ID 为 1，Switch ID 为 1，Priority 为 200，Description 为 S6000-1。
- 备设备：Domain ID 为 1，Switch ID 为 2，Priority 为 150，Description 为 S6000-2。

5）路由协议部署

总部内网使用静态路由、OSPF 多种协议组网。其中 S2、S3、S4、S5、R2、R3 使用 OSPF 协议，R2、R3 与总部出口网关及分部 R1 间使用静态路由协议。要求网络具有安全性、稳定性，具体要求如下。

- OSPF 进程号为 10，规划多区域：区域 0（S2、S3、R2、R3）和区域 1（S4、S5、R2、R3）。
- R2、R3 互联链路规划入区域 0。
- 要求业务网段中不出现协议报文。

- 要求所有路由协议都发布具体网段。
- 为了管理方便，需要发布 Loopback 地址。
- 优化 OSPF 相关配置，以尽量加快 OSPF 收敛。
- 重发布进入 OSPF 中的路由使用类型 1。
- 采用浮动静态路由，主静态路由优先级为 10，备静态路由优先级为 100。

注意：S4/S5 需要重发布云平台（172.16.0.0/22）静态路由至总部内网。

分部内网 R1、S6 间使用 OSPF 协议，进程号为 20；R1、EG2 使用静态路由协议，具体要求如下。

- 为了管理方便，需要发布 Loopback 地址。
- 要求业务网段中不出现协议报文。
- 重分布引入静态或默认路由。

6）广域网链路配置与安全部署

总部路由器与分部路由器间属于广域网链路，其中 R1、R2 间链路带宽为 2Mbps，R1、R3 间链路带宽为 1Mbps。R2、R3 间链路带宽为 2Mbps。总部路由器与分部路由器间的链路需要使用 PPP 进行安全保护。PPP 的具体要求如下。

- 使用 PAP 协议。
- 单向认证，用户名+认证口令方式，R1 为认证客户端，R2、R3 为认证服务端。
- 用户名和密码均为 ruijie。

7）路由选路部署

考虑到从分部到总部有两条广域网链路，且其带宽不一样。所以规划 R1→R2 为主链路，R1→R3 为备链路。另外从总部局域网到互联网，经规划 R2→EG1 为主链路，R3→EG1 为备链路。根据以上需求，在路由器上进行合理的路由协议配置，具体要求如下。

- 修改链路或接口开销 COST 值，且其值必须为 5 或 10。
- 总部用户区与互联网互通主链路规划为 S1→S2→R2→EG1。
- 总部与分部互通主链路为 S1→S2→R2→R1 或 S4/S5→R2→R1。
- 主链路故障可无缝切换到备链路上。
- 要求来回数据流路径一致。

8）PBR 配置与部署

考虑到从分部到总部有 2 条广域网链路，为合理利用带宽，规划从分部去往总部的 TFP 数据通过 R1→R2 的链路转发，从分部去往总部的 WEB 数据通过 R1→R3 的链路转发。为达到上述目的，采用 PBR 来实现，具体要求如下。

- Route-map 策略名为 fenliu。
- 分部去往总部的 FTP 数据由 ACL101 来定义。

- 分部去往总部的 WEB 数据由 ACL102 来定义。

9）QoS 部署

为了防止大量用户不断突发的数据导致网络拥挤，必须对接入的用户流量加以限制，所配置的参数要求如下。

- 总部设备 S1 的 Gi0/1 至 Gi0/16 接口出方向进行接口限速，限速 10Mbps。
- 分部设备 R1 进行流量整形，G0/0 接口对接收的报文进行流量控制，上行报文流量不能超过 1Mbit，如果超过流量限制则将违规报文丢弃。

10）设备与网络管理部署

- 为路由器开启 SSH 服务端功能，用户名和密码为 admin，密码为明文类型。
- 为交换机开启 Telnet 功能，对所有 Telnet 用户采用本地认证的方式。创建本地用户，设定用户名和密码为 admin，密码为明文类型。

三、移动互联网络组建与优化

为顺应"互联网+"时代下，员工移动办公的发展趋势，集团总部与分部均需要规划和部署移动互联无线网络，同时，为保证无线用户安全、可靠地访问互联网，我们需要进行无线网络安全及性能优化配置，确保员工有良好的上网体验，具体要求如下。

1. 无线网络基础部署

- 使用 AC 作为总部无线用户 DHCP 服务器，使用 S2/S3 作为总部 AP 的 DHCP 服务器，S2 分配地址范围为其网段的 1～100，S3 分配地址范围为其网段的 101～200。使用 S6 作为分部无线用户与 AP DHCP 服务器，为其终端自动分配地址。
- 创建总部 SSID 为 Ruijie-ZB_1，AP-Group 为 ZB，总部无线用户关联 SSID 后可自动获取地址。
- 创建分部 SSID 为 Ruijie-FB_1，AP-Group 为 FB，分部无线用户关联 SSID 后可自动获取地址。
- 禁止 SSID 广播。

2. AC 热备部署

- AC1 为主 AC，AC2 为备 AC。AP 与 AC1、AC2 均建立隧道，当 AP 与 AC1 失去连接时能无缝切换至 AC2 并提供服务。

3. 无线安全部署

具体配置参数如下。

- 无线用户接入无线网络需要采用 WPA2 加密方式，其口令为 1234567890。

- 为了防御无线局域网 ARP 欺骗影响用户上网体验，配置无线环境 ARP 欺骗防御功能。

4. 无线性能优化

- 限制每台 AP 关联用户数量最高为 12。
- 总部无线用户启用集中转发模式，分部无线用户启用本地转发模式。

四、解题思路及详细步骤

本部分内容主要介绍题目的分析及解题的思路，解题详细步骤给出了解题的思路与配置步骤，有些基础的配置命令由于篇幅的原因省略了，读者可以在附录里面查看完整的配置命令。

1. 虚拟局域网及 IPv4 地址部署

【解题思路】

交换机 VLAN 与中继的配置及 IP 地址的配置较为简单，只需要根据题意与给出的信息，实施基础的配置命令即可。需要注意的是，AC 与核心交换机之间的中继只需要允许管理 VLAN 和无线 VLAN 的流量通过，私有 VLAN 的中继需要允许主 VLAN 和辅助 VLAN 的流量。

私有 VLAN 的主要功能是解决 IP 地址浪费及 VLAN 数目不足的问题，配置关键问题是设定 VLAN 的属性及创建私有 VLAN 对，主 VLAN 和辅助 VLAN 需要配置二层和三层的映射。

【解题详细步骤】

（1）IP、VLAN 与 Trunk 配置较为简单，此处只给出 S1 交换机的相关配置，完整的配置请参考附录。

```
S1(config)#hostname ZB-S2910-01
//重命名交换机
ZB-S2910-01(config)#vlan 10
ZB-S2910-01(config-vlan)# name RF
//创建VLAN并配置VLAN名称
ZB-S2910-01(config-vlan)#vlan 20
ZB-S2910-01(config-vlan)# name Sales
ZB-S2910-01(config-vlan)#vlan 30
ZB-S2910-01(config-vlan)# name Supply
ZB-S2910-01(config-vlan)#vlan 40
ZB-S2910-01(config-vlan)# name Service
```

```
ZB-S2910-01(config-vlan)#vlan 50
ZB-S2910-01(config-vlan)# name AP
ZB-S2910-01(config-vlan)#vlan 100
ZB-S2910-01(config-vlan)# name manage
ZB-S2910-01(config)#interface range GigabitEthernet 0/1-4
```
//配置涉及的接口较多，使用range命令进行批量配置
```
ZB-S2910-01(config-if-range)#switchport mode access
ZB-S2910-01(config-if-range)#switchport access vlan 10
ZB-S2910-01(config-if-range)#interface range GigabitEthernet 0/5-8
ZB-S2910-01(config-if-range)#switchport mode access
ZB-S2910-01(config-if-range)#switchport access vlan 20
ZB-S2910-01(config-if-range)#interface range GigabitEthernet 0/9-12
ZB-S2910-01(config-if-range)#switchport mode access
ZB-S2910-01(config-if-range)#switchport access vlan 30
ZB-S2910-01(config-if-range)#interface range GigabitEthernet 0/13-16
ZB-S2910-01(config-if-range)#switchport mode access
ZB-S2910-01(config-if-range)#switchport access vlan 40
ZB-S2910-01(config-if-range)#interface range GigabitEthernet 0/1-16
ZB-S2910-01(config-if-range)#switchport protected
```
//启用接口保护
```
ZB-S2910-01(config)#interface range GigabitEthernet 0/21-22
ZB-S2910-01(config-if-range)#switchport mode access
ZB-S2910-01(config-if-range)#switchport access vlan 50
ZB-S2910-01(config)#interface range GigabitEthernet 0/23-24
ZB-S2910-01(config-if-range)#switchport mode trunk
ZB-S2910-01(config-if-range)# switchport trunk allowed vlan only
10,20,30,40,50,100
```
//配置交换机互联接口为Trunk口，并配置允许通过的VLAN，only参数可以避免不必要的VLAN数据通
过，也可以使用add或remove来控制VLAN列表

- 查看 VLAN 信息。

```
ZB-S2910-01#show vlan
```
//及时查看命令验证是比赛中的一个重要操作步骤，配置完成VLAN后可以通过命令查看VLAN的信息配置
是否有误

VLAN Name	Status	Ports
1 VLAN0001	STATIC	Gi0/17, Gi0/18, Gi0/19, Gi0/20 Te0/25, Te0/26, Te0/27, Te0/28
10 RF	STATIC	Gi0/1, Gi0/2, Gi0/3, Gi0/4 Gi0/23, Gi0/24
20 Sales	STATIC	Gi0/5, Gi0/6, Gi0/7, Gi0/8

			Gi0/23, Gi0/24	
30 Supply		STATIC	Gi0/9, Gi0/10, Gi0/11, Gi0/12	
			Gi0/23, Gi0/24	
40 Service		STATIC	Gi0/13, Gi0/14, Gi0/15, Gi0/16	
			Gi0/23, Gi0/24	
50 AP		STATIC	Gi0/21, Gi0/22, Gi0/23, Gi0/24	
100 manage		STATIC	Gi0/23, Gi0/24	

（2）私有 VLAN 配置（涉及 S6 与 S7）。

- S7 的配置。

```
S7(config)#hostname FB-2910-01
FB-2910-01(config)#vlan 10
FB-2910-01(config-vlan)# private-vlan primary
//配置VLAN10为私有VLAN的主VLAN
FB-2910-01(config-vlan)# name pvlan
FB-2910-01(config-vlan)#vlan 11
FB-2910-01(config-vlan)# private-vlan community
//配置VLAN11为私有VLAN的群体VLAN
FB-2910-01(config-vlan)#vlan 12
FB-2910-01(config-vlan)# private-vlan isolated
//配置VLAN12为私有VLAN的隔离VLAN
FB-2910-01(config)#vlan 10
FB-2910-01(config-vlan)# private-vlan association add 11-12
//配置主VLAN10和辅助VLAN11、VLAN12的二层关联
FB-2910-01(config-vlan)#vlan 100
FB-2910-01(config-vlan)# name manage
FB-2910-01(config)#interface range GigabitEthernet 0/1-4
FB-2910-01(config-if-range)#switchport mode private-vlan host
FB-2910-01(config-if-range)#switchport private-vlan host-association 10 11
//配置业务接口所属私有VLAN并配置与主VLAN关联
FB-2910-01(config-if-range)#interface range GigabitEthernet 0/5-8
FB-2910-01(config-if-range)#switchport mode private-vlan host
FB-2910-01(config-if-range)#switchport private-vlan host-association 10 12
FB-2910-01(config)#interface GigabitEthernet 0/24
FB-2910-01(config-if-GigabitEthernet 0/24)# switchport mode trunk
FB-2910-01(config-if-GigabitEthernet 0/24)# switchport trunk allowed vlan only
10-12,100
//中继链路需要允许主VLAN与辅助VLAN的数据通过
```

- 查看私有 VLAN 信息。

```
FB-2910-01#show vlan private-vlan
VLAN Type      Status    Routed    Ports          Associated VLANs
```

166

```
----- ---------- -------- -------- ------------------------------
------------------
10    primary    active   Disabled                                 11-12
11    community  active   Disabled Gi0/1, Gi0/2, Gi0/3             10
                          Gi0/4
12    isolated   active   Disabled Gi0/5, Gi0/6, Gi0/7             10
                          Gi0/8
```

- S6 的配置。

```
S6(config)#hostname FB-S5750-01
FB-S5750-01(config)#vlan 10
FB-S5750-01(config-vlan)# private-vlan primary
FB-S5750-01(config-vlan)# private-vlan association add 11-12
//此命令需要在创建VLAN11与VLAN12之后配置
FB-S5750-01(config-vlan)# name pvlan
FB-S5750-01(config-vlan)#vlan 11
FB-S5750-01(config-vlan)# private-vlan community
FB-S5750-01(config-vlan)#vlan 12
FB-S5750-01(config-vlan)# private-vlan isolated
FB-S5750-01(config-vlan)#vlan 20
FB-S5750-01(config-vlan)# name wireless_user
FB-S5750-01(config-vlan)#vlan 30
FB-S5750-01(config-vlan)# name AP
FB-S5750-01(config-vlan)#vlan 100
FB-S5750-01(config-vlan)# name manage
FB-S5750-01(config)#interface GigabitEthernet 0/2
FB-S5750-01(config-if-GigabitEthernet 0/2)# switchport mode trunk
FB-S5750-01(config-if-GigabitEthernet 0/2)# switchport trunk native vlan 30
//VLAN 30为AP连接，属于接入终端，不需要对数据打标，所以配置为本征VLAN
FB-S5750-01(config-if-GigabitEthernet 0/2)# switchport trunk allowed vlan only 20,30
//允许AP与无线的流量通过
FB-S5750-01(config)#interface GigabitEthernet 0/3
FB-S5750-01(config-if-GigabitEthernet 0/3)# switchport mode trunk
FB-S5750-01(config-if-GigabitEthernet 0/3)# switchport trunk allowed vlan only
10-12,100
FB-S5750-01(config)#interface VLAN 10
FB-S5750-01(config-if-VLAN 10)# private-vlan mapping add 11-12
FB-S5750-01(config-if-VLAN 10)# ip address 194.1.10.254 255.255.255.0
//配置主VLAN10和辅助VLAN11、VLAN12的三层关联
```

2. MSTP 及 VRRP 部署

【解题思路】

生成树协议是基础也是重要的比赛考点，MSTP 是核心的考点，其配置关键是确定好 MST 域，不能遗漏。根据题意，S1、S2、S3、S4 应该属于同一个 MST 域，所以在配置域名、版本、实例的时候必须统一，否则各台交换机无法运行到同一个域中，另外务必保证两个核心交换机分别是主根和备份根，优先级的安排可以是 0 和 4096。

VRRP 是虚拟网关冗余协议，配置命令没什么难点，需要注意保证 VRRP 的实际网关和 MSTP 的主根的一致性。

【解题详细步骤】

（1）核心交换机 S2、S3 生成树的配置基本相同，S2 的配置如下。

```
S2(config-mst)#hostname ZB-S5750-01
ZB-S5750-01(config)#spanning-tree
//启用生成树协议
ZB-S5750-01(config)#spanning-tree mode mstp
//配置生成树模式为MSTP（默认）
ZB-S5750-01(config)#spanning-tree mst configuration
ZB-S5750-01(config-mst)#revision 1
ZB-S5750-01(config-mst)# name ruijie
ZB-S5750-01(config-mst)# instance 1 vlan 10, 20, 30, 40, 50, 60, 100
//配置MSTP相关参数，未配置在实例1中的VLAN将默认在实例0中
ZB-S5750-01(config)#spanning-tree mst 0 priority 0
//配置MSTP中实例的优先级，0表示优先级最大，成为根桥。根据题目要求，S3中实例的优先级配置为4096
ZB-S5750-01(config)#spanning-tree mst 1 priority 0
```

（2）接入交换机 S1 的生成树配置如下。

```
ZB-S2910-01#spanning-tree
ZB-S2910-01(config)#spanning-tree mst configuration
ZB-S2910-01(config-mst)#revision 1
ZB-S2910-01(config-mst)#name ruijie
ZB-S2910-01(config-mst)#instance 1 vlan 10, 20, 30, 40, 50, 60, 100
```

查看生成树汇总信息的命令如下。

```
ZB-S5750-01#show spanning-tree summary

Spanning tree enabled protocol mstp
MST 0 vlans map : 1-9, 11-19, 21-29, 31-39, 41-49, 51-59, 61-99, 101-4094
 Root ID   Priority   0
```

```
             Address      5869.6cd5.75c7
             this bridge is root
             Hello Time   2 sec  Forward Delay 15 sec  Max Age 20 sec


  Bridge ID  Priority     0
             Address      5869.6cd5.75c7
             Hello Time   2 sec  Forward Delay 15 sec  Max Age 20 sec


Interface        Role Sts Cost      Prio    OperEdge Type
---------------- ---- --- ---------- -------- -------- ----------------
Ag1              Desg FWD 19000      128      False    P2p
Gi0/5            Desg FWD 20000      128      True     P2p
Gi0/1            Desg FWD 20000      128      False    P2p

MST 1 vlans map : 10, 20, 30, 40, 50, 60, 100
  Region Root Priority    0
             Address      5869.6cd5.75c7
             this bridge is region root
```
//根桥对应S2交换机
```
  Bridge ID  Priority     0
             Address      5869.6cd5.75c7


Interface        Role Sts Cost      Prio    OperEdge Type
---------------- ---- --- ---------- -------- -------- ----------------
Ag1              Desg FWD 19000      128      False    P2p
Gi0/5            Desg FWD 20000      128      True     P2p
Gi0/1            Desg FWD 20000      128      False    P2p
```

（3）S2 交换机的 VRRP 配置如下。

```
ZB-S5750-01(config)#interface VLAN 10
ZB-S5750-01(config-if-VLAN 10)# ip address 192.1.10.252 255.255.255.0
ZB-S5750-01(config-if-VLAN 10)# vrrp 10 ip 192.1.10.254
```
//配置VRRP组号与虚拟网关
```
ZB-S5750-01(config-if-VLAN 10)# vrrp 10 priority 150
```
//配置优先级为150，相应的S3交换机对应的优先级为120，S2成为实际网关
```
ZB-S5750-01(config-if-VLAN 10)# vrrp 10 track 10.1.0.2 60
```
//配置VRRP追踪上行链路IP，若有故障，则优先级降低60
```
ZB-S5750-01(config)#interface VLAN 20
ZB-S5750-01(config-if-VLAN 20)# ip address 192.1.20.252 255.255.255.0
ZB-S5750-01(config-if-VLAN 20)# vrrp 20 ip 192.1.20.254
ZB-S5750-01(config-if-VLAN 20)# vrrp 20 priority 150
ZB-S5750-01(config-if-VLAN 20)# vrrp 20 track 10.1.0.2 60
```

```
ZB-S5750-01(config)#interface VLAN 30
ZB-S5750-01(config-if-VLAN 30)# ip address 192.1.30.252 255.255.255.0
ZB-S5750-01(config-if-VLAN 30)# vrrp 30 ip 192.1.30.254
ZB-S5750-01(config-if-VLAN 30)# vrrp 30 priority 150
ZB-S5750-01(config-if-VLAN 30)# vrrp 30 track 10.1.0.2 60
ZB-S5750-01(config)#interface VLAN 40
ZB-S5750-01(config-if-VLAN 40)# ip address 192.1.40.252 255.255.255.0
ZB-S5750-01(config-if-VLAN 40)# vrrp 40 ip 192.1.40.254
ZB-S5750-01(config-if-VLAN 40)# vrrp 40 priority 150
ZB-S5750-01(config-if-VLAN 40)# vrrp 40 track 10.1.0.2 60
ZB-S5750-01(config)#interface VLAN 50
ZB-S5750-01(config-if-VLAN 50)# ip address 192.1.50.252 255.255.255.0
ZB-S5750-01(config-if-VLAN 50)# vrrp 50 ip 192.1.50.254
ZB-S5750-01(config-if-VLAN 50)# vrrp 50 priority 150
ZB-S5750-01(config-if-VLAN 50)# vrrp 50 track 10.1.0.2 60
ZB-S5750-01(config)#interface VLAN 100
ZB-S5750-01(config-if-VLAN 100)# ip address 192.1.100.252 255.255.255.0
ZB-S5750-01(config-if-VLAN 100)# vrrp 100 ip 192.1.100.254
ZB-S5750-01(config-if-VLAN 100)# vrrp 100 priority 150
```

查看 VRRP 信息的命令如下。

```
ZB-S5750-01#show vrrp brief
Interface   Grp  Pri   timer  Own  Pre  State   Master addr      Group addr
VLAN 10     10   150   3.41   -    P    Master  192.1.10.252     192.1.10.254
VLAN 20     20   150   3.41   -    P    Master  192.1.20.252     192.1.20.254
VLAN 30     30   150   3.41   -    P    Master  192.1.30.252     192.1.30.254
VLAN 40     40   150   3.41   -    P    Master  192.1.40.252     192.1.40.254
VLAN 50     50   150   3.41   -    P    Master  192.1.50.252     192.1.50.254
VLAN 100    100  150   3.41   -    P    Master  192.1.100.252    192.1.100.254
```

以上输出结果显示，S2 交换机是 VRRP 的实际网关。

3. DHCP 中继与安全

【解题思路】

DHCP 地址池的配置较为简单，只要部署基础的配置命令，默认需要启用 DHCP 服务即可。DHCP 中继是一个关键问题，配置的要点是在网关设备上配置中继的命令，指定 DHCP 服务器（因为题目里面是用路由器作为 DHCP 服务器的，所以使用 Loopback 0 地址作为中继比较稳定）。

DAI 防御基于 DHCP Snooping，在接入设备上启用 DHCP Snooping，启用后不要忘记配置信任接口，否则 DHCP 全部过滤会导致客户获取不到地址。DHCP Snooping 启用后会生成 DHCP Snooping 绑定的表项，从而实现过滤与防护，配置命令需要在接入接口部署，另外 DAI 需要配置信任接口。

【解题详细步骤】

（1）DHCP 服务器配置。

```
R2(config)#hostname ZB-RSR20-01
ZB-RSR20-01(config)#service dhcp
//启用DHCP服务
ZB-RSR20-01(config)#ip dhcp pool vlan10
//创建地址池
ZB-RSR20-01(dhcp-config)# network 192.1.10.0 255.255.255.0
ZB-RSR20-01(dhcp-config)# dns-server 8.8.8.8
ZB-RSR20-01(dhcp-config)# default-router 192.1.10.254
//配置默认网关
```

（2）DHCP 中继配置。

```
ZB-S5750-01(config)#service dhcp
ZB-S5750-01(config)#interface VLAN 10
ZB-S5750-01(config-if-VLAN 10)#ip helper-address 11.1.0.2
//使用R2的Loopback 0地址作为DHCP Relay的目的地址
```

（3）DHCP 安全配置。

```
ZB-S2910-01(config)#service dhcp
ZB-S2910-01(config)#ip dhcp snooping
//启用DHCP Snooping服务
ZB-S2910-01 (config)#ip dhcp snooping vlan 10
//DHCP Snooping作用于VLAN 10
ZB-S2910-01(config)#ip arp inspection vlan 10
//VLAN 10启用DAI检测功能
ZB-S2910-01(config)#interface range gigabitEthernet 0/23-24
ZB-S2910-01(config-if-range)#ip arp inspection trust
//配置上行链路接口为DAI信任口
ZB-S2910-01(config-if-range)# ip dhcp snooping trust
//配置上行链路接口为DHCP Snoopiing信任口
```

4. 网络设备虚拟化

【解题思路】

VSU 技术一直是比赛得分较高的技术，配置思路较为简单，只需要细心地部署域 ID、优先级等信息，指定接口加入 VSL 链路即可，最后不要忘记进行模式转换，MAD 检测作用于正确的接口。

VSU 的配置在两台虚拟交换机上基本一致，只有 ID 与优先级不同，以下是 S4 交换机的配置。

```
S4(config)#vsl-port
S4 (config-vsl-port)#port-member interface TenGigabitEthernet 0/49
S4 (config-vsl-port)#port-member interface TenGigabitEthernet 0/50
//进入VSL链路并配置成员接口
S4 (config)#switch virtual domain 1
//进入虚拟化配置，域名为1
S4 (config-vs-domain)#switch 1
//修改Switch ID为1（默认）
S4 (config-vs-domain)#switch 1 priority 200
//配置VSU的优先级，S4的优先级为200
S4 (config-vs-domain)#switch 1 description S6000-1
//配置VSU的描述，S4配置为S6000-1
S4#switch convert mode virtual
//配置交换机VSU模式为virtual，在弹出的确认对话框中输入yes并回车，设备将重启并查找VSU邻居进行虚拟化
BX-S6000-VSU(config)#hostname ZB-VSU-S6000
ZB-VSU-S6000 (config)#interface range gigabitEthernet 1/0/2,2/0/2
ZB-VSU-S6000 (config-if-range)#no switchport
ZB-VSU-S6000 (config)#switch virtual domain 1
ZB-VSU-S6000 (config-vs-domain)#dual-active detection bfd
//配置检测机制为BFD双主机检测
ZB-VSU-S6000 (config-vs-domain)#dual-active bfd interface gigabitEthernet 1/0/2
ZB-VSU-S6000 (config-vs-domain)#dual-active bfd interface gigabitEthernet 2/0/2
//配置BFD双主机检测接口
```

查看虚拟化情况的命令如下。

```
ZB-VSU-S6000#show switch virtual
Switch_id   Domain_id   Priority    Position    Status    Role       Description
-----------------------------------------------------------------------------------
1(1)        1(1)        200(200)    LOCAL       OK        ACTIVE     S6000-1
2(2)        1(1)        150(150)    REMOTE      OK        STANDBY    S6000-2
```

5. 路由协议部署

【解题思路】

路由协议在整个比赛中是关键环节，协议本身是较为简单的，只需要注意一些细节，各个接口运行的区域不能配错，否则无法建立邻居关系。业务网段与拒绝建立邻居关系的

设备之间的接口要阻止 OSPF Hello 报文的收发，使用被动接口 passive-interface，可以直接阻止指定的接口，或者阻止全部接口之后再开放需要运行协议的接口。

在优化方面主要是改变接口运行 OSPF 协议的网络类型，由于 OSPF 广播网络会建立 DR 与 BDR，所以要改成点对点网络，路由重发布需要指定外部网络类型。

浮动静态路由的配置关键是设定管理距离，主备链路明确清楚，主链路管理距离是 10，备链路管理距离是 100，配置的时候可以使用明细路由，也可以使用汇总路由。静态路由的条目较多，除要配置到具体的业务网段外，还要配置到两个 AC 的路由，因为分部有 AP 需要建立 CAPWAP 隧道，要保证路由可达。

【解题详细步骤】

（1）路由协议配置。

- S2 路由协议。

```
ZB-S5750-01(config)#router ospf 10
ZB-S5750-01(config-router)# router-id 11.1.0.202
ZB-S5750-01(config-router)# redistribute static metric-type 1 subnets
//重分布进入OSPF的路由类型指定为E1
ZB-S5750-01(config-router)# passive-interface default
ZB-S5750-01(config-router)# no passive-interface GigabitEthernet 0/4
ZB-S5750-01(config-router)# no passive-interface VLAN 100
//S2与S3交换机之间需要建立邻居关系，所以必须允许OSPF更新信息在VLAN100内传播
ZB-S5750-01(config-router)# network 10.1.0.1 0.0.0.0 area 0
ZB-S5750-01(config-router)# network 11.1.0.202 0.0.0.0 area 0
ZB-S5750-01(config-router)# network 192.1.10.252 0.0.0.0 area 0
ZB-S5750-01(config-router)# network 192.1.20.252 0.0.0.0 area 0
ZB-S5750-01(config-router)# network 192.1.30.252 0.0.0.0 area 0
ZB-S5750-01(config-router)# network 192.1.40.252 0.0.0.0 area 0
ZB-S5750-01(config-router)# network 192.1.50.252 0.0.0.0 area 0
ZB-S5750-01(config-router)# network 192.1.100.252 0.0.0.0 area 0
//OSPF协议的配置不难，需要注意具体的网段，各网段都要通告不能遗漏
ZB-S5750-01(config)#ip route 11.1.0.204 255.255.255.255 192.1.100.2
//配置到AC1的静态路由，在建立CAPWAP隧道时使用
ZB-S5750-01(config)#ip route 11.1.0.205 255.255.255.255 192.1.100.3
//配置到AC2的静态路由，在建立CAPWAP隧道时使用
ZB-S5750-01(config)#ip route 192.1.60.0 255.255.255.0 192.1.100.1
```
//由于无线网络的网关在AC上，所以需要配置到无线网络的静态路由。由于AC需要作为热备，所以下一跳地址需要指向两个AC的虚拟地址（VRRP实际网关）

- S3 路由协议。

```
ZB-S5750-02(config)#router ospf 10
```

173

```
ZB-S5750-02(config-router)# router-id 11.1.0.203
ZB-S5750-02(config-router)#redistribute static metric-type 1 subnets
//重分布进入OSPF的路由类型指定为E1
ZB-S5750-02(config-router)# passive-interface default
ZB-S5750-02(config-router)# no passive-interface GigabitEthernet 0/4
ZB-S5750-02(config-router)# no passive-interface VLAN 100
ZB-S5750-02(config-router)# network 10.1.0.5 0.0.0.0 area 0
ZB-S5750-02(config-router)# network 11.1.0.203 0.0.0.0 area 0
ZB-S5750-02(config-router)# network 192.1.10.253 0.0.0.0 area 0
ZB-S5750-02(config-router)# network 192.1.20.253 0.0.0.0 area 0
ZB-S5750-02(config-router)# network 192.1.30.253 0.0.0.0 area 0
ZB-S5750-02(config-router)# network 192.1.40.253 0.0.0.0 area 0
ZB-S5750-02(config-router)# network 192.1.50.253 0.0.0.0 area 0
ZB-S5750-02(config-router)# network 192.1.100.253 0.0.0.0 area 0
ZB-S5750-02(config)#ip route 11.1.0.204 255.255.255.255 192.1.100.2
ZB-S5750-02(config)#ip route 11.1.0.205 255.255.255.255 192.1.100.3
ZB-S5750-02(config)#ip route 192.1.60.0 255.255.255.0 192.1.100.1
```

- VSU 路由协议。

```
ZB-VSU-S6000(config)#router ospf 10
ZB-VSU-S6000(config-router)# router-id 11.1.0.45
ZB-VSU-S6000(config-router)#redistribute static metric-type 1 subnets
ZB-VSU-S6000(config-router)# passive-interface default
ZB-VSU-S6000(config-router)# no passive-interface GigabitEthernet 1/0/1
ZB-VSU-S6000(config-router)# no passive-interface GigabitEthernet 2/0/1
ZB-VSU-S6000(config-router)# network 10.1.0.9 0.0.0.0 area 1
ZB-VSU-S6000(config-router)# network 10.1.0.13 0.0.0.0 area 1
ZB-VSU-S6000(config-router)# network 11.1.0.45 0.0.0.0 area 1
ZB-VSU-S6000(config-router)#network 193.1.0.1 0.0.0.0 area 1
ZB-VSU-S6000(config)#ip route 172.16.0.0 255.255.252.0 193.1.0.2
//配置去往云平台的路由，下一跳地址为云平台互联地址
```

- R2 路由协议。

```
ZB-RSR20-01(config)#router ospf 10
ZB-RSR20-01(config-router)# router-id 11.1.0.2
ZB-RSR20-01(config-router)#redistribute static metric-type 1 subnets
ZB-RSR20-01(config-router)# passive-interface default
ZB-RSR20-01(config-router)# no passive-interface Serial 3/0
ZB-RSR20-01(config-router)# no passive-interface GigabitEthernet 0/0
ZB-RSR20-01(config-router)# no passive-interface VLAN 100
ZB-RSR20-01(config-router)# network 10.1.0.2 0.0.0.0 area 0
ZB-RSR20-01(config-router)# network 10.1.0.10 0.0.0.0 area 1
```

```
ZB-RSR20-01(config-router)# network 10.1.0.29 0.0.0.0 area 0
ZB-RSR20-01(config-router)# network 11.1.0.2 0.0.0.0 area 0
ZB-RSR20-01(config-router)# default-information originate metric-type 1
```
//引入默认路由，类型为E1
```
ZB-RSR20-01(config)#ip route 0.0.0.0 0.0.0.0 10.1.0.34
```
//去往Internet的默认路由
```
ZB-RSR20-01(config)#ip route 194.1.0.0 255.255.0.0 10.1.0.17
```
//去往分部的静态路由

- R3 路由协议。

```
ZB-RSR20-02(config)#router ospf 10
ZB-RSR20-02(config-router)# router-id 11.1.0.3
ZB-RSR20-02(config-router)#redistribute static metric-type 1 subnets
ZB-RSR20-02(config-router)# passive-interface default
ZB-RSR20-02(config-router)# no passive-interface Serial 3/0
ZB-RSR20-02(config-router)# no passive-interface GigabitEthernet 0/0
ZB-RSR20-02(config-router)# no passive-interface VLAN 100
ZB-RSR20-02(config-router)# network 10.1.0.6 0.0.0.0 area 0
ZB-RSR20-02(config-router)# network 10.1.0.14 0.0.0.0 area 1
ZB-RSR20-02(config-router)# network 10.1.0.30 0.0.0.0 area 0
ZB-RSR20-02(config-router)# network 11.1.0.3 0.0.0.0 area 0
ZB-RSR20-02(config-router)# default-information originate metric-type 1
ZB-RSR20-02(config)#ip route 0.0.0.0 0.0.0.0 10.1.0.38
ZB-RSR20-02(config)#ip route 194.1.0.0 255.255.0.0 10.1.0.21
```

- R1 路由协议。

```
R1(config)#router ospf 20
R1(config-router)# router-id 11.1.0.1
R1(config-router)#redistribute static metric-type 1 subnets
R1(config-router)# network 10.1.0.25 0.0.0.0 area 0
R1(config-router)# network 11.1.0.1 0.0.0.0 area 0
R1(config-router)# default-information originate metric-type 1
R1(config)#ip route 0.0.0.0 0.0.0.0 10.1.0.42
R1(config)#ip route 11.1.0.204 255.255.255.255 10.1.0.18 10
```
//R1→R2为主路径，浮动静态路由管理距离配置为10，备路由管理距离配置为100
```
R1(config)#ip route 11.1.0.204 255.255.255.255 10.1.0.22 100
```
//R1→R3为备路径，浮动静态路由管理距离配置为100
```
R1(config)#ip route 11.1.0.205 255.255.255.255 10.1.0.18 10
R1(config)#ip route 11.1.0.205 255.255.255.255 10.1.0.22 100
R1(config)#ip route 172.16.0.0 255.255.252.0 10.1.0.18 10
R1(config)#ip route 172.16.0.0 255.255.252.0 10.1.0.22 100
R1(config)#ip route 173.1.10.0 255.255.255.0 10.1.0.18 10
```

```
R1(config)#ip route 173.1.10.0 255.255.255.0 10.1.0.22 100
R1(config)#ip route 192.1.0.0 255.255.0.0 10.1.0.18 10
R1(config)#ip route 192.1.0.0 255.255.0.0 10.1.0.22 100
```

- S6 路由协议。

```
FB-S5750-01(config)#router ospf 20
FB-S5750-01(config-router)# router-id 11.1.0.6
FB-S5750-01(config-router)#passive-interface default
FB-S5750-01(config-router)# no passive-interface GigabitEthernet 0/1
FB-S5750-01(config-router)# network 10.1.0.26 0.0.0.0 area 0
FB-S5750-01(config-router)# network 11.1.0.6 0.0.0.0 area 0
FB-S5750-01(config-router)# network 194.1.10.254 0.0.0.0 area 0
FB-S5750-01(config-router)# network 194.1.20.254 0.0.0.0 area 0
FB-S5750-01(config-router)# network 194.1.30.254 0.0.0.0 area 0
FB-S5750-01(config-router)# network 194.1.100.254 0.0.0.0 area 0
```

- EG1 路由协议。

```
ZB-EG2000-01(config)# ip route 0.0.0.0 0.0.0.0 GigabitEthernet 0/2 195.1.0.2
//配置去往Internet的默认路由
ZB-EG2000-01(config)# ip route 11.1.0.0 255.255.0.0 10.1.0.33
ZB-EG2000-01(config)# ip route 11.1.0.0 255.255.0.0 10.1.0.37 100
ZB-EG2000-01(config)# ip route 192.1.0.0 255.255.0.0 10.1.0.33
ZB-EG2000-01(config)# ip route 192.1.0.0 255.255.0.0 10.1.0.37 100
//配置以EG1→R2为主路径的静态浮动路由
```

- EG2 路由协议。

```
FB-EG200-01 (config)# ip route 0.0.0.0 0.0.0.0 GigabitEthernet 0/2 195.1.0.1
FB-EG200-01 (config)# ip route 11.1.0.0 255.255.0.0 10.1.0.41
FB-EG200-01 (config)# ip route 192.1.0.0 255.255.0.0 GigabitEthernet 0/2
195.1.0.1
FB-EG200-01 (config)# ip route 194.1.0.0 255.255.0.0 10.1.0.41
```

（2）OSPF 优化配置。

```
ZB-RSR20-01 (config)#interface range gigabitEthernet 0/0 - 1
ZB-RSR20-01 (config-if-range)#ip ospf network point-to-point
ZB-RSR20-01 (config)#interface VLAN 100
ZB-RSR20-01 (config-if )#ip ospf network point-to-point
//将链路的类型改成点对点链路，这样就不会进行DR与BDR的选举
```

在进行 OSPF 优化的时候需要注意，OSPF 域中所有运行 OSPF 协议的以太网接口和
SVI 接口，都需要修改 OSPF 网络类型，完成之后可以查看 OSPF 邻居状态来确认配置。

（3）路由信息查看。

- 查看 OSPF 邻居状态。

```
ZB-RSR20-01#show ip ospf neighbor

OSPF process 10, 3 Neighbors, 3 is Full:
Neighbor ID  Pri  State  BFD State  Dead Time  Address      Interface
11.1.0.202   1    Full/ - -         00:00:32   10.1.0.1     GigabitEthernet 0/0
11.1.0.45    1    Full/ - -         00:00:32   10.1.0.9     VLAN 100
11.1.0.3     1    Full/ - -         00:00:32   10.1.0.30    Serial 3/0
```

以上输出结果显示了 R2 路由器的邻居，邻居之间的网络都是点对点网络。

- 查看路由表。

```
ZB-RSR20-01#show ip route

Codes:  C - connected, S - static, R - RIP, B - BGP
        O - OSPF, IA - OSPF inter area
        N1 - OSPF NSSA external type 1, N2 - OSPF NSSA external type 2
        E1 - OSPF external type 1, E2 - OSPF external type 2
        i - IS-IS, su - IS-IS summary, L1 - IS-IS level-1, L2 - IS-IS level-2
        ia - IS-IS inter area, * - candidate default

Gateway of last resort is 10.1.0.34 to network 0.0.0.0
S*   0.0.0.0/0 [1/0] via 10.1.0.34
C    10.1.0.0/30 is directly connected, GigabitEthernet 0/0
C    10.1.0.2/32 is local host.
O    10.1.0.4/30 [110/3] via 10.1.0.1, 17:54:46, GigabitEthernet 0/0
C    10.1.0.8/30 is directly connected, VLAN 100
C    10.1.0.10/32 is local host.
O    10.1.0.12/30 [110/11] via 10.1.0.9, 17:27:20, VLAN 100
C    10.1.0.16/30 is directly connected, Serial 2/0
C    10.1.0.17/32 is directly connected, Serial 2/0
C    10.1.0.18/32 is local host.
C    10.1.0.28/30 is directly connected, Serial 3/0
C    10.1.0.29/32 is local host.
C    10.1.0.30/32 is directly connected, Serial 3/0
C    10.1.0.32/30 is directly connected, GigabitEthernet 0/1
C    10.1.0.33/32 is local host.
C    11.1.0.2/32 is local host.
O    11.1.0.3/32 [110/3] via 10.1.0.1, 17:52:50, GigabitEthernet 0/0
O    11.1.0.45/32 [110/1] via 10.1.0.9, 17:30:17, VLAN 100
O    11.1.0.202/32 [110/1] via 10.1.0.1, 17:54:46, GigabitEthernet 0/0
O    11.1.0.203/32 [110/2] via 10.1.0.1, 17:54:46, GigabitEthernet 0/0
```

```
O E1 11.1.0.204/32 [110/22] via 10.1.0.1, 17:54:46, GigabitEthernet 0/0
O E1 11.1.0.205/32 [110/22] via 10.1.0.1, 17:54:46, GigabitEthernet 0/0
O E1 172.16.0.0/22 [110/22] via 10.1.0.9, 17:20:22, VLAN 100
O    192.1.10.0/24 [110/2] via 10.1.0.1, 17:54:46, GigabitEthernet 0/0
O    192.1.20.0/24 [110/2] via 10.1.0.1, 17:54:46, GigabitEthernet 0/0
O    192.1.30.0/24 [110/2] via 10.1.0.1, 17:54:46, GigabitEthernet 0/0
O    192.1.40.0/24 [110/2] via 10.1.0.1, 17:54:46, GigabitEthernet 0/0
O    192.1.50.0/24 [110/2] via 10.1.0.1, 17:54:46, GigabitEthernet 0/0
O E1 192.1.60.0/24 [110/22] via 10.1.0.1, 17:54:46, GigabitEthernet 0/0
O    192.1.100.0/24 [110/2] via 10.1.0.1, 17:54:46, GigabitEthernet 0/0
O    193.1.0.0/30 [110/2] via 10.1.0.9, 17:20:23, VLAN 100
S    194.1.0.0/16 [1/0] via 10.1.0.17
```

以上输出结果显示了 R1 路由表的信息，可以看出，R1 路由表中包括了总部局域网和业务部门及分部业务部门的网段，说明全网实现了互通。

6. 广域网链路配置与安全部署

【解题思路】

此考点主要考察 PPP 协议的认证，PAP 认证属于二次握手认证，需要创建本地数据库并建立账号和密码。因为 PAP 认证是单向认证，所以认证服务端启用认证，认证客户端指定发送的用户名与密码。

【解题详细步骤】

（1）认证服务端配置。

```
ZB-RSR20-01(config)#username ruijie password ruijie
ZB-RSR20-01(config)#interface Serial 2/0
ZB-RSR20-01(config-if-Serial 2/0)# encapsulation PPP
ZB-RSR20-01(config-if-Serial 2/0)# ppp authentication pap
//认证服务端启用PAP认证
```

（2）认证客户端配置。

```
FB-RSR20-01(config)#interface serial 2/0
FB-RSR20-01(config-if-Serial 2/0)#encapsulation PPP
FB-RSR20-01(config-if-Serial 2/0)# ppp pap sent-username ruijie password ruijie
//配置PAP认证发送的用户名和密码
```

7. 路由选路部署

【解题思路】

路由的优化部署是整个比赛的难点与重点，解答此类题目必须要掌握路由器路由表的

178

构造和路由表的学习过程。本题要求的是通过修改 OSPF 的 COST 值来改变路由表项到达数据发送路径的变化，所以必须深入理解 OSPF 路由表的构造，OSPF 路由协议的度量计算是指计算 OSPF 学习方向（入方向）的接口的 COST 值的和，所以修改度量就是修改入方向接口的 COST 值。

在本题中，总部用户区启用了 MSTP 与 VRRP，在核心交换机上，出口网关是 S2，所以出去的路径为 S1→S2→R2→R1，符合题意，数据从分部回来时由于浮动静态路由主路径为 R1→R2，所以回来的路径也没有问题；根据题目的分析，总部服务器区默认出口应该是负载均衡的，所以需要修改路径，改大与 R2 互联接口的 COST 值和路由器 R2 接口的 COST 值来把 S4→R2 变成主路径。

【解题详细步骤】

```
ZB-VSU-S6000#show ip route ospf
O*E1  0.0.0.0/0 [110/2] via 10.1.0.14, 00:00:11, GigabitEthernet 2/0/1
                       [110/2] via 10.1.0.10, 00:00:11, GigabitEthernet 1/0/1
O IA  10.1.0.0/30 [110/2] via 10.1.0.10, 00:00:11, GigabitEthernet 1/0/1
O IA  10.1.0.4/30 [110/2] via 10.1.0.14, 00:00:11, GigabitEthernet 2/0/1
O IA  10.1.0.28/30 [110/51] via 10.1.0.10, 00:00:11, GigabitEthernet 1/0/1
                       [110/51] via 10.1.0.14, 00:00:11, GigabitEthernet 2/0/1
O IA  11.1.0.2/32 [110/1] via 10.1.0.10, 00:00:11, GigabitEthernet 1/0/1
O IA  11.1.0.3/32 [110/1] via 10.1.0.14, 00:00:11, GigabitEthernet 2/0/1
O IA  11.1.0.202/32 [110/2] via 10.1.0.10, 00:00:11, GigabitEthernet 1/0/1
O IA  11.1.0.203/32 [110/2] via 10.1.0.14, 00:00:11, GigabitEthernet 2/0/1
O E1  11.1.0.204/32 [110/23] via 10.1.0.10, 00:00:11, GigabitEthernet 1/0/1
                       [110/23] via 10.1.0.14, 00:00:11, GigabitEthernet 2/0/1
O E1  11.1.0.205/32 [110/23] via 10.1.0.10, 00:00:11, GigabitEthernet 1/0/1
                       [110/23] via 10.1.0.14, 00:00:11, GigabitEthernet 2/0/1
O IA  192.1.10.0/24 [110/3] via 10.1.0.10, 00:00:11, GigabitEthernet 1/0/1
                       [110/3] via 10.1.0.14, 00:00:11, GigabitEthernet 2/0/1
O IA  192.1.20.0/24 [110/3] via 10.1.0.10, 00:00:11, GigabitEthernet 1/0/1
                       [110/3] via 10.1.0.14, 00:00:11, GigabitEthernet 2/0/1
O IA  192.1.30.0/24 [110/3] via 10.1.0.10, 00:00:11, GigabitEthernet 1/0/1
                       [110/3] via 10.1.0.14, 00:00:11, GigabitEthernet 2/0/1
O IA  192.1.40.0/24 [110/3] via 10.1.0.10, 00:00:11, GigabitEthernet 1/0/1
                       [110/3] via 10.1.0.14, 00:00:11, GigabitEthernet 2/0/1
O IA  192.1.50.0/24 [110/3] via 10.1.0.10, 00:00:11, GigabitEthernet 1/0/1
                       [110/3] via 10.1.0.14, 00:00:11, GigabitEthernet 2/0/1
O E1  192.1.60.0/24 [110/23] via 10.1.0.10, 00:00:15, GigabitEthernet 1/0/1
                       [110/23] via 10.1.0.14, 00:00:15, GigabitEthernet 2/0/1
O IA  192.1.100.0/24 [110/3] via 10.1.0.10, 00:00:15, GigabitEthernet 1/0/1
```

```
                     [110/3] via 10.1.0.14, 00:00:15, GigabitEthernet 2/0/1
O E1  194.1.0.0/16 [110/21] via 10.1.0.14, 00:00:15, GigabitEthernet 2/0/1
                     [110/21] via 10.1.0.10, 00:00:15, GigabitEthernet 1/0/1
```

从以上输出结果可以看出 VSU 到路由表的负载均衡情况，修改 OSPF COST 值如下。

```
ZB-VSU-S6000(config)#interface gigabitEthernet 2/0/1
ZB-VSU-S6000(config-if-GigabitEthernet 2/0/1)#ip ospf cost 10
//接口OSPF COST值修改成10
ZB-VSU-S6000#show ip route ospf
O*E1  0.0.0.0/0 [110/2] via 10.1.0.10, 00:00:26, GigabitEthernet 1/0/1
O IA  10.1.0.0/30 [110/2] via 10.1.0.10, 00:02:52, GigabitEthernet 1/0/1
O IA  10.1.0.4/30 [110/4] via 10.1.0.10, 00:00:26, GigabitEthernet 1/0/1
O IA  10.1.0.28/30 [110/51] via 10.1.0.10, 00:00:26, GigabitEthernet 1/0/1
O IA  11.1.0.2/32 [110/1] via 10.1.0.10, 00:02:52, GigabitEthernet 1/0/1
O IA  11.1.0.3/32 [110/4] via 10.1.0.10, 00:00:26, GigabitEthernet 1/0/1
O IA  11.1.0.202/32 [110/2] via 10.1.0.10, 00:02:52, GigabitEthernet 1/0/1
O IA  11.1.0.203/32 [110/3] via 10.1.0.10, 00:00:26, GigabitEthernet 1/0/1
O E1  11.1.0.204/32 [110/23] via 10.1.0.10, 00:00:26, GigabitEthernet 1/0/1
O E1  11.1.0.205/32 [110/23] via 10.1.0.10, 00:00:26, GigabitEthernet 1/0/1
O IA  192.1.10.0/24 [110/3] via 10.1.0.10, 00:00:26, GigabitEthernet 1/0/1
O IA  192.1.20.0/24 [110/3] via 10.1.0.10, 00:00:26, GigabitEthernet 1/0/1
O IA  192.1.30.0/24 [110/3] via 10.1.0.10, 00:00:26, GigabitEthernet 1/0/1
O IA  192.1.40.0/24 [110/3] via 10.1.0.10, 00:00:26, GigabitEthernet 1/0/1
O IA  192.1.50.0/24 [110/3] via 10.1.0.10, 00:00:26, GigabitEthernet 1/0/1
O E1  192.1.60.0/24 [110/23] via 10.1.0.10, 00:00:26, GigabitEthernet 1/0/1
O IA  192.1.100.0/24 [110/3] via 10.1.0.10, 00:00:26, GigabitEthernet 1/0/1
O E1  194.1.0.0/16 [110/21] via 10.1.0.10, 00:00:26, GigabitEthernet 1/0/1
```

路由表的输出信息显示，VSU 去往本部和分部业务网段的数据流都从 GigabitEthernet 1/0/1 接口发出，即经由 R2 转发，满足了路径规划要求。

8. PBR 配置与部署

【解题思路】

策略路由配置的思路是首先配置 ACL 来匹配感兴趣的数据流，然后配置路由策略应用于接口，关键在于 ACL 配置正确。

路由器转发数据执行的原则是首先看是否有策略路由，如果有策略路由且匹配，则根据策略路由转发；如果没有策略路由，则根据路由表正常转发。所以应用的时候需要注意，路由策略需要应用在入接口上。

【解题详细步骤】

```
FB-RSR20-01(config)#ip access-list extended 101
FB-RSR20-01(config-ext-nacl)# 10 permit tcp any any eq ftp-data
FB-RSR20-01(config-ext-nacl)# 20 permit tcp any any eq ftp
//以上定义FTP数据流
FB-RSR20-01(config)#ip access-list extended 102
FB-RSR20-01(config-ext-nacl)# 10 permit tcp any any eq www
//以上定义WEB数据流
FB-RSR20-01(config)#route-map fenliu permit 10
//定义路由图fenliu
FB-RSR20-01(config-route-map)# match ip address 101
//匹配FTP数据流
FB-RSR20-01(config-route-map)# set ip next-hop 10.1.0.18
//设定下一跳为R2
FB-RSR20-01(config)#route-map fenliu permit 20
FB-RSR20-01(config-route-map)# match ip address 102
FB-RSR20-01(config-route-map)# set ip next-hop 10.1.0.22
//匹配WEB数据流，下一跳为R3
FB-RSR20-01(config)#route-map fenliu permit 30
//允许其他的数据流正常发送
FB-RSR20-01(config)#interface GigabitEthernet 0/0
FB-RSR20-01(config-if-GigabitEthernet 0/0)# ip policy route-map fenliu
//接口应用策略路由
```

9. QoS 部署

【解题思路】

QoS 的考查是比赛的难点，一般分为流量整形与流量监管，以及数据分类的 QoS 模型，此题考查接口限速和流量整形，关键需要注意数据流的方向。

【解题详细步骤】

```
ZB-S2910-01(config)#interface range gigabitEthernet 0/1-16
ZB-S2910-01(config-if-range)#rate-limit output 10000 1024
//配置1~16号接口出方向限速10Mbps
FB-RSR20-01(config)#interface gigabitEthernet 0/0
FB-RSR20-01(config-if-GigabitEthernet 0/0)# rate-limit input 1000000 100000
200000 conform-action transmit exceed-action drop
//配置R1的GI0/0口流量整形，若上行报文流量超过1Mbit，则进行丢弃操作
```

10. 设备与网络管理部署

【解题思路】

此模块的配置属于基础配置，较为简单。需要注意的是，整个网络中的所有路由器与交换机都需要配置，不要遗漏。

【解题详细步骤】

- 路由器 SSH 配置。

```
ZB-RSR20-01(config)#enable service ssh-server
//启用SSH服务
ZB-RSR20-01(config)#username admin password admin
//配置本地账号和密码
ZB-RSR20-01(config)#line vty 0 4
ZB-RSR20-01(config-line)#transport input ssh
//只允许SSH服务（可选）
ZB-RSR20-01(config-line)#login local
//启用本地登录认证
ZB-RSR20-01(config)#crypto key generate rsa
//生成密钥
% You already have RSA keys.
% Do you really want to replace them? [yes/no]:yes
Choose the size of the key modulus in the range of 360 to 2048 for your
Signature Keys. Choosing a key modulus greater than 512 may take
a few minutes.

How many bits in the modulus [512]:512
% Generating 512 bit RSA1 keys ...[ok]
% Generating 512 bit RSA keys ...[ok]
```

- 交换机 Telnet 配置。

```
ZB-S5750-01(config)#username admin password 0 admin
//创建账号和密码，密码为明文类型
ZB-S5750-01(config)#line vty 0 4
ZB-S5750-01(config-line)#login local
ZB-S5750-01(config-line)#password admin
```

11. 无线网络基础部署

【解题思路】

在进行无线网络基础部署之前，必须保证 AC 与 AP 之间的路由可达，核心交换机配置明细路由到 AC，AC 可以配置默认路由出去。在给 AP 配置 DHCP 服务器时，需要加上 AC 的地址信息，使用 option 138 字段，否则 AC 与 AP 无法建立 CAPWAP 隧道。

【解题详细步骤】

（1）基础网络配置。

```
ZB-S5750-01(config)#ip dhcp pool vlan50
ZB-S5750-01(dhcp-config)# option 138 ip 11.1.0.204 11.1.0.205
ZB-S5750-01(dhcp-config)# network 192.1.50.0 255.255.255.0 192.1.50.1
192.1.50.100
ZB-S5750-01(dhcp-config)# default-router 192.1.50.254
//以上定义总部无线AP的DHCP地址池，option 138字段指定AC的地址以供建立CAPWAP隧道。由于使
用AC的热备，所以主备AC的地址都需要配置
ZB-WS6008-01(config)#ip dhcp pool vlan60
ZB-WS6008-01(dhcp-config)# network 192.1.60.0 255.255.255.0
ZB-WS6008-01(dhcp-config)# dns-server 8.8.8.8
ZB-WS6008-01(dhcp-config)# default-router 192.1.60.254
//以上定义总部布线用户的DHCP地址池
ZB-WS6008-01(config)#interface VLAN 60
ZB-WS6008-01(config-if-VLAN 60)# ip address 192.1.60.252 255.255.255.0
ZB-WS6008-01(config-if-VLAN 60)# vrrp 60 ip 192.1.60.254
ZB-WS6008-01(config-if-VLAN 60)# vrrp 60 priority 150
//由于AC热备，所以无线用户的网关需要随主备AC的切换进行切换
ZB-WS6008-01(config)#interface VLAN 100
ZB-WS6008-01(config-if-VLAN 100)# ip address 192.1.100.2 255.255.255.0
ZB-WS6008-01(config-if-VLAN 100)# vrrp 200 ip 192.1.100.1
ZB-WS6008-01(config-if-VLAN 100)# vrrp 200 priority 150
//管理VLAN需要作为VRRP，因为在配置路由时使用的下一跳地址需要随主备AC的切换进行切换
ZB-WS6008-01(config)#ip route 0.0.0.0 0.0.0.0 192.1.100.254
//配置出口默认路由
```

• S6 交换机 DHCP。

```
FB-S5750-01(config)#service dhcp
FB-S5750-01(config)#ip dhcp pool vlan20
FB-S5750-01(dhcp-config)# network 194.1.20.0 255.255.255.0
FB-S5750-01(dhcp-config)# dns-server 8.8.8.8
FB-S5750-01(dhcp-config)# default-router 194.1.20.254
//以上定义分部无线用户地址池
FB-S5750-01(dhcp)#ip dhcp pool vlan30
FB-S5750-01(dhcp-config)# option 138 ip 11.1.0.204 11.1.0.205
FB-S5750-01(dhcp-config)# network 194.1.30.0 255.255.255.0
FB-S5750-01(dhcp-config)# default-router 194.1.30.254
//以上定义分部无线AP地址池
```

（2）无线网络配置。

```
ZB-WS6008-01(config)#wlan-config 1 Ruijie-ZB_1
ZB-WS6008-01(config-wlan)# no enable-broad-ssid
//禁止SSID广播
ZB-WS6008-01(config)#wlan-config 2 Ruijie-FB_1
ZB-WS6008-01(config-wlan)# no enable-broad-ssid
ZB-WS6008-01(config)#ap-group ZB
ZB-WS6008-01(config-group)# interface-mapping 1 60 ap-wlan-id 1
//配置总部WLAN与VLAN的映射关系
ZB-WS6008-01(config)#ap-group FB
ZB-WS6008-01(config-group)# interface-mapping 2 20 ap-wlan-id 1
//配置分部WLAN与VLAN的映射关系
ZB-WS6008-01(config)#ap-config 5869.6ce5.3124
ZB-WS6008-01(config-ap)#ap-name AP-ZB-1
ZB-WS6008-01(config-ap)#ap-group ZB
ZB-WS6008-01(config-ap)#channel 1 radio 1
ZB-WS6008-01(config-ap)#channel 149 radio 2
ZB-WS6008-01(config)#ap-config 5869.6ce5.175c
ZB-WS6008-01(config-ap)#ap-name AP-ZB-2
ZB-WS6008-01(config-ap)#ap-group ZB
ZB-WS6008-01(config-ap)#channel 6 radio 1
ZB-WS6008-01(config-ap)#channel 153 radio 2
ZB-WS6008-01(config)#ap-config 5869.6ce5.2b18
ZB-WS6008-01(config-ap)#ap-name AP-FB-2
ZB-WS6008-01(config-ap)#ap-group FB
ZB-WS6008-01(config-ap)#channel 11 radio 1
ZB-WS6008-01(config-ap)#channel 157 radio 2
//以上配置3台AP的工作频段与信道，尽量使其不产生冲突
```

（3）信息查看。

• 查看 AP 在线状态。

```
ZB-WS6008-01#show ap-config summary
========= show ap status =========
Radio: Radio ID
      E = enabled, D = disabled, N = Not exist
      Current Sta number
      Channel: * = Global
      Power Level = Percent

Online AP number: 3
Offline AP number: 0
```

```
AP Name IP Address  Mac Address   Radio      Radio              Up/Off time  State
------------------  -------------- ---------- --------- -----------------
----------- -----
AP-FB-2 194.1.30.1 5869.6ce5.2b18 1 E 0 11 100 2 E 0 157 100 0:16:02:48 Run
AP-ZB-1 192.1.50.2 5869.6ce5.3124 1 E 0 1 100 2 E 0 149 100 0:16:36:01 Run
AP-ZB-2 192.1.50.1 5869.6ce5.175c 1 E 0 6 100 2 E 0 153 100 0:16:36:33 Run
```

以上输出结果显示，AP 在线时长为 16 小时多，各频段和信道之间没有冲突。

- 查看 AC 的 VRRP 组。

```
ZB-WS6008-01#show vrrp brief
Interface  Grp  Pri  timer  Own Pre  State   Master addr     Group addr
VLAN 60    60   150  3.41   -   P     Master  192.1.60.252    192.1.60.254
VLAN 100   200  150  3.41   -   P     Master  192.1.100.2     192.1.100.1
```

以上输出结果显示，无线网络与管理网络之间运行的 VRRP 和 AC 热备切换对应。

12. AC 热备

【解题思路】

主备 AC 间关于 WLAN config、AP、AP group 的配置必须完全一致，大部分配置只要求主备 AC 两边均有配置，而部分配置需要保证配置顺序一致。interface-mapping 命令需要保证在同一个 AP group 下配置顺序一致，或者主备 AC 均强制指定相同的 AP WLAN ID。

热备的启用需要注意主备 AC 的变化是否需要网关跟着一起切换，如果是的话则需要配置 VRRP 组，在配置 VRRP 组的时候需要注意组号，不能出现重复冲突的情况。

【解题详细步骤】

```
ZB-WS6008-01 (config)#wlan hot-backup 11.1.0.205
//配置对端备AC的IP地址
ZB-WS6008-01(config-hotbackup)#context 1
//配置备AC实例
ZB-WS6008-01(config-hotbackup-ctx)#priority level 7
//配置AC1热备实例优先级，7表示抢占模式
ZB-WS6008-01(config-hotbackup-ctx)#ap-group ZB
ZB-WS6008-01(config-hotbackup-ctx)#ap-group FB
//将AP group加入热备实例
ZB-WS6008-01(config-hotbackup-ctx)#dhcp-pool vlan60
ZB-WS6008-01(config-hotbackup-ctx)#dhcp-pool vlan100
//将无线用户地址池加入热备实例
ZB-WS6008-01(config-hotbackup-ctx)#vrrp interface vlan 100 group 200
//将AC1和AC2 VRRP组加入热备实例
```

```
ZB-WS6008-01(config-hotbackup-ctx)#vrrp interface vlan 60 group 60
//将无线用户网关VRRP组加入热备实例
ZB-WS6008-01(config-hotbackup)#wlan hot-backup enable
//启用热备功能
```

13. 无线安全部署

【解题思路】

无线安全是在 wlansec 模式配置的，注意选择适合的加密方式，需要启用预共享密钥，主备 AC 都需要配置。ARP 欺骗防御是基于 DHCP Snooping 表项的功能，所以首先需要启用 DHCP Snooping 功能。

【解题详细步骤】

```
ZB-WS6008-01(config)#ip dhcp snooping
//启用DHCP Snooping功能，需要开启安全ARP-check
ZB-WS6008-01(config)#interface GigabitEthernet 0/1
ZB-WS6008-01(config-if-GigabitEthernet 0/1)# ip dhcp snooping trust
//上行口配置成为DHCP Snooping信任口
ZB-WS6008-01(config)#wlansec 1
ZB-WS6008-01(config-wlansec)# security rsn enable
ZB-WS6008-01(config-wlansec)# security rsn ciphers aes enable
ZB-WS6008-01(config-wlansec)# security rsn akm psk enable
ZB-WS6008-01(config-wlansec)# security rsn akm psk set-key ascii 1234567890
//以上配置无线WPA2加密功能
ZB-WS6008-01(config-wlansec)# arp-check
//启用ARP欺骗检测功能
ZB-WS6008-01(config-wlansec)# ip verify source port-security
//启用IP SOURCE GUARD
ZB-WS6008-01(config)#wlansec 2
ZB-WS6008-01(config-wlansec)# security rsn enable
ZB-WS6008-01(config-wlansec)# security rsn ciphers aes enable
ZB-WS6008-01(config-wlansec)# security rsn akm psk enable
ZB-WS6008-01(config-wlansec)# security rsn akm psk set-key ascii 1234567890
ZB-WS6008-01(config-wlansec)# arp-check
ZB-WS6008-01(config-wlansec)# ip verify source port-security
```

14. 无线性能优化

【解题思路】

无线优化的配置较广较杂，AP 带点数量的配置需要进入 AP config，集中转发和本地转发需要进入 WLAN config。

```
ZB-WS6008-01(config)#wlan-config 2 Ruijie-FB_1
ZB-WS6008-01(config-wlan)# tunnel local
//分部配置本地转发，集中转发为默认模式不需要配置
ZB-WS6008-01(config)#ap-config 5869.6ce5.175c
ZB-WS6008-01(config-ap)#sta-limit 12
ZB-WS6008-01(config-ap)#ap-config 5869.6ce5.2b18
ZB-WS6008-01(config-ap)#sta-limit 12
ZB-WS6008-01(config-ap)#ap-config 5869.6ce5.3124
ZB-WS6008-01(config-ap)#sta-limit 12
//以上配置AP的带点数量为12
```

第三部分 企业工程案例实战

案例一

随着信息技术深入应用,网络技术朝着信息化、智慧化、虚拟化方向发展,人工智能、移动互联网、云计算等信息技术深刻影响着当前智慧校园网络布局。

苏州科技职业学院是苏州工业园区的公办专科院校,有以计算机网络为代表的 23 个专业。学校本部原有 1 栋行政楼、2 栋教学楼、1 个图书馆、6 栋实训楼、2 个食堂和 1 个体育馆。近期新建完成的大楼即将投入使用。同时,为了响应教育部新出台的"产教融合"政策,学校与当地知名的网络公司合作,在分校建立了产融实训基地,促进了校企合作的发展。

随着网络虚拟化、大数据、云计算和数据中心等热点技术的发展,学校今年投资建立了云数据中心,一期项目需要搭建机房骨干网络及展示区网络。其中,云数据中心需要具备高速、可靠、安全的数据传输能力,以及高度集中的计算和处理能力,为学院的可持续发展铸就雄厚软实力。

学校希望在本次的信息化业务建设方面,打通招生、就业、学生管理、教学管理及资源管理等多部门业务之间的连接环节,从而提升学校的各项信息化管理和运维能力,实现校园网管理和运维的标准化、智能化、高效化及提高应对异常的能力。以上每项业务的运维都给现有校园网络的稳健性、智慧性带来了挑战,不仅需要可靠稳定的基础网络支撑,更需要统一管理运维体系,保障其庞大的业务正常运营。

1. 云计算融合网络业务需求说明

校园网络项目规划与建设的需求如下。

(1)在本部与分校均需要部署无线网络,满足移动办公的需求。

(2)部署防止环路、数据负载均衡等相关策略,确保接入层业务安全、可靠。

(3)在出口部署认证、VPN 等相关策略,确保出口数据安全、可靠。

(4)在学校本部与分校之间部署冗余和链路加密等功能,实现安全可靠的数据传输。

(5)在云数据中心交换机上部署虚拟组网,为云计算平台提供高可用性的网络接入服务等。

2. 云计算融合网络拓扑设计

1)网络拓扑说明

校园网络设有教学楼、实训楼、行政楼,统一进行 IP 地址及业务资源的规划和分配。学校本部及分校的网络拓扑结构如图 1-1 所示,相关说明如下。

- 两台 S6000 交换机,编号分别为 S5、S6,用于服务器高速接入。
- 两台 S5750 交换机,编号分别为 S3、S4,作为学校本部的核心交换机。

- 一台 RSR20 路由器，作为分校的出口路由器。
- 一台 RSR20 路由器，用于模拟 Internet。
- 一台 EG2000 出口网关，编号为 EG1，作为学校本部互联网出口网关。
- 两台 S2910 交换机，编号分别为 S1、S2，作为学校本部接入交换机。
- 一台 WS6008AC，编号为 AC1，作为无线 AP 的网络控制器。
- 两台 AP520 无线 AP，编号分别为 AP1、AP2，分别作为学校本部与分校的无线接入点。

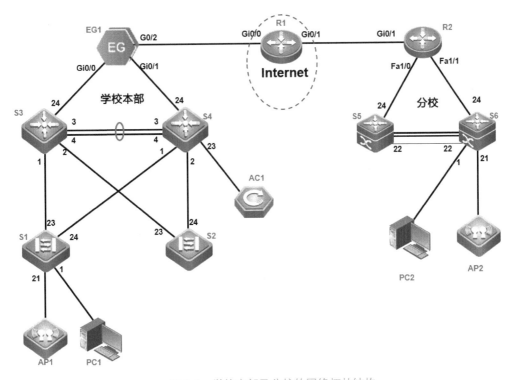

图 1-1 学校本部及分校的网络拓扑结构

2）网络拓扑连线要求与说明

设备互联规范主要对各种网络设备的互联进行规范定义，在项目实施中，若用户无特殊要求，则应根据规范要求进行各级网络设备的互联，统一现场设备互联界面，结合规范的线缆标签，使网络结构清晰明了，方便后续的维护。网络物理连接表如表 1-1 所示，请根据图 1-1 及表 1-1 完成设备的连线。

表 1-1 网络物理连接表

源设备名称	设备接口	接口描述	目标设备名称	设备接口
S1	Gi0/1	Con_To_PC1	PC1	/
S1	Gi0/21	Con_To_AP1	AP1	Gi0/1

源设备名称	设 备 接 口	接 口 描 述	目标设备名称	设 备 接 口
S1	Gi0/23	Con_To_S3_Gi0/1	S3	Gi0/1
S1	Gi0/24	Con_To_S4_Gi0/1	S4	Gi0/1
S2	Gi0/23	Con_To_S3_Gi0/2	S3	Gi0/2
S2	Gi0/24	Con_To_S4_Gi0/2	S4	Gi0/2
S3	Gi0/1	Con_To_S1_Gi0/23	S1	Gi0/23
S3	Gi0/2	Con_To_S2_Gi0/23	S2	Gi0/23
S3	Gi0/3	Con_To_S4_Gi0/3	S4	Gi0/3
S3	Gi0/4	Con_To_S4_Gi0/4	S4	Gi0/4
S3	Gi0/24	Con_To_EG1_Gi0/0	EG1	Gi0/0
S4	Gi0/1	Con_To_S1_Gi0/24	S1	Gi0/24
S4	Gi0/2	Con_To_S2_Gi0/24	S2	Gi0/24
S4	Gi0/3	Con_To_S3_Gi0/3	S3	Gi0/3
S4	Gi0/4	Con_To_S3_Gi0/4	S3	Gi0/4
S4	Gi0/23	Con_To_AC1_Gi0/0	AC1	Gi0/1
S4	Gi0/24	Con_To_EG1_Gi0/0	EG1	Gi0/1
EG1	Gi0/0	Con_To_S3_Gi0/24	S3	Gi0/24
EG1	Gi0/1	Con_To_S4_Gi0/24	S4	Gi0/24
EG1	Gi0/2	Con_To_R1_Gi0/0	R1	Gi0/0
R1	Gi0/0	Con_To_EG1_Gi0/2	EG1	Gi0/2
R1	Gi0/1	Con_To_R2_Gi0/1	R2	Gi0/1
R2	Fa1/0	Con_To_S5_Gi0/24	S5	Gi0/24
R2	Fa1/1	Con_To_S6_Gi0/24	S6	Gi0/24
R2	Gi0/1	Con_To_R1_Gi0/1	R1	Gi0/1
S5	Gi0/22	Con_To_S6_Gi0/22	S6	Gi0/22
S5	Gi0/24	Con_To_R1_Fa1/0	R1	Fa1/0
S5	Te0/49	Connect_To_S6_Te0/49	S6	Te0/49
S5	Te0/50	Connect_To_S6_Te0/50	S6	Te0/50
S6	Gi0/1	Con_To_PC2	PC2	
S6	Gi0/21	Con_To_AP2_Gi0/1	AP2	Gi0/1
S6	Gi0/22	Con_To_S5_Gi0/22	S5	Gi0/22
S6	Gi0/24	Con_To_R1_Fa1/1	R2	Fa1/1
S6	Te0/49	Connect_To_S5_Te0/49	S5	Te0/49
S6	Te0/50	Connect_To_S5_Te0/50	S5	Te0/50
AC1	Gi0/1	Con_To_S4_Gi0/23	S4	Gi0/23
AP1	Gi0/1	Con_To_S1_Gi0/1	S1	Gi0/21
AP2	Gi0/1	Con_To_S6_Gi0/1	S6	GI0/21

3. 云计算融合网络部署

1) 虚拟局域网及 IPv4 地址部署

为了减少广播，需要规划并配置 VLAN，具体要求如下。

- 配置合理，Trunk 链路上不允许不必要的 VLAN 数据流通过。
- 为隔离网络中部分终端用户间的二层互访，在交换机 S1、S2 上使用接口保护功能。
- 根据上述信息及表 1-2、表 1-3，在各设备上完成 VLAN 配置和接口分配及 IPv4 地址分配。

表 1-2　网络设备名称表

拓扑图中设备名称	配置主机名（hostname 名）
S1	ZB-S2910-01
S2	ZB-S2910-02
S3	ZB-S5750-01
S4	ZB-S5750-02
S5	FB-VSU-S6000
S6	
R1	Internet
R2	FB-RSR20-01
AC1	ZB-WS6008-01
EG1	ZB-EG2000-01
AP1	ZB-AP520-01
AP2	FB-AP520-01

表 1-3　IPv4 地址分配表

设备	接口或 VLAN	VLAN 名称	二层或三层规划	说　明
S1	VLAN10	JXL	Gi0/1 至 Gi0/4	教学楼
	VLAN20	SYL	Gi0/5 至 Gi0/8	实训楼
	VLAN30	BGL	Gi0/9 至 Gi0/12	行政楼
	VLAN50	AP	Gi0/20 至 Gi0/21	无线 AP 管理
	VLAN100	Manage	192.168.100.1/24	设备管理 VLAN
S2	VLAN10	JXL	Gi0/1 至 Gi0/4	教学楼
	VLAN20	SYL	Gi0/5 至 Gi0/8	实训楼
	VLAN30	BGL	Gi0/9 至 Gi0/12	行政楼
	VLAN50	AP	Gi0/20 至 Gi0/21	无线 AP 管理
	VLAN100	Manage	192.168.100.2/24	设备管理 VLAN
S3	VLAN10	JXL	192.168.10.252/24	教学楼
	VLAN20	SYL	192.168.20.252/24	实训楼
	VLAN30	BGL	192.168.30.252/24	行政楼

设备	接口或 VLAN	VLAN 名称	二层或三层规划	说　　明
S3	VLAN50	AP	192.168.50.252/24	AP
	VLAN60	Wireless	192.168.60.252/24	无线用户
	VLAN100	Manage	192.168.100.252/24	设备管理 VLAN
	Gi0/1	Trunk	\	\
	Gi0/2	Trunk	\	\
	Gi0/3	Trunk	\	AG1 成员口
	Gi0/4	Trunk	\	AG1 成员口
	Gi0/24	\	10.1.0.2/30	\
	Loopback 0	\	11.1.0.33/32	\
S4	VLAN10	JXL	192.168.10.253/24	教学楼
	VLAN20	SYL	192.168.20.253/24	实训楼
	VLAN30	BGL	192.168.30.253/24	行政楼
	VLAN50	AP	192.168.50.253/24	AP
	VLAN60	Wireless	192.168.60.253/24	无线用户
	VLAN100	Manage	192.168.100.253/24	设备管理 VLAN
	Gi0/1	Trunk	\	\
	Gi0/2	Trunk	\	\
	Gi0/3	Trunk	\	AG1 成员口
	Gi0/4	Trunk	\	AG1 成员口
	Gi0/23	Trunk	\	\
	Gi0/24	\	10.1.0.6/30	\
	Loopback 0	\	11.1.0.34/32	\
AC1	Loopback 0	\	11.1.0.204/32	\
	Vlan100	Manage	192.168.100.100/24	管理与互联 VLAN
EG1	GI0/0	\	10.1.0.1/30	\
	GI0/1	\	10.1.0.5/30	\
	GI0/2	\	20.1.0.1/30	\
	Tunnel0	\	10.1.4.1/30	GRE 接口地址
	Loopback 0	\	11.1.0.11/32	\
R1	GI0/0	\	20.1.0.2/30	\
	GI0/1	\	20.1.0.5/30	\
R2	Gi0/1	\	20.1.0.6/30	\
	VLAN10	\	30.1.0.1/30	Fa1/0
	VLAN20	\	30.1.0.5/30	Fa1/1
	Tunnel0	\	10.1.4.2/30	GRE 接口地址
	Loopback 0	\	11.1.0.2/32	\
S5/S6	Gi1/0/24	\	30.1.0.2/30	\
	Gi2/0/24	\	30.1.0.6/30	\
	VLAN10	SISO_VLAN	194.168.10.254/24	Gi0/1 至 Gi0/8

设备	接口或 VLAN	VLAN 名称	二层或三层规划	说　明
S5/S6	VLAN20	AP	194.168.20.254/24	Gi0/20 至 Gi0/21 分校无线 AP 管理
	VLAN30	Wiressless_users1	194.168.30.254/24	分校无线用户
	VLAN40	Wiressless_users2	194.168.40.254/24	分校无线用户
	VLAN100	Manage	194.168.100.254/24	设备管理 VLAN
	Loopback 0	\	11.1.0.56/32	\
AP2	Gi0/1	\	DHCP 动态获取	\

2）在局域网中部署环路规避方案

为避免网络接入设备上出现环路，影响全网运行状态。要求在网络接入交换机 S1、S2 上进行防环处理。具体要求如下。

- 在连接终端接口上，启用 BPDU 防护，不接收 BPDU 报文。
- 在终端接口下启用 RLDP 防止环路，检测到环路后处理方式为 Shutdown-Port。
- 配置连接终端的所有接口为边缘接口。
- 如果接口被 BPDU Guard 检测进入 Err-Disabled 状态，则过 300s 后会自动恢复（基于接口部署策略），并重新检测是否有环路。
- 规避高流量报文风暴对网络的冲击，在交换机 VSU 上针对用户终端接口的广播、组播、未知名单播启用风暴限制，限制级别为 2。

3）部署 DHCP 中继与服务安全

在交换机 S3、S4 上配置 DHCP 中继，对 VLAN10 内的用户通过中继方式获取地址，使得本部 PC1 用户使用 DHCP Relay 方式获取 IP 地址。具体要求如下。

- DHCP 服务器搭建于 EG1 上，地址池命名为 Pool_VLAN10。其中，DHCP 对外服务使用 Loopback0 地址。
- 为了防御在动态地址获取环境中，局域网内部出现伪 DHCP 服务欺骗，在 S1、S2 交换机上部署 DHCP Snooping 功能。

4）部署 MSTP 及 VRRP 技术，实现网络冗余

在本部交换机 S1、S2、S3、S4 上配置 MSTP 防止二层环路；要求 VLAN10、VLAN20、VLAN30 数据流通过 S3 转发，当 S3 失效时通过 S4 转发；VLAN50、VLAN60、VLAN100 数据流通过 S4 转发，当 S4 失效时通过 S3 转发。配置的参数要求如下。

- region-name 为 ruijie。
- revision 版本号为 1。
- 实例 1 包含 VLAN10、VLAN20、VLAN30。
- 实例 2 包含 VLAN50、VLAN60、VLAN100。
- S3 作为实例 1 的主根、实例 2 的从根，S4 作为实例 2 的主根、实例 1 的从根。

- 主根优先级为 4096，从根优先级为 8192。
- S3、S4 连接接入交换机 S1、S2 的接口启用 TC-IGNORE 功能，规避接入设备频繁的网络震荡。
- 在 S3 和 S4 上配置 VRRP，实现主机的网络冗余，所配置的参数要求如表 1-4 所示。
- S3、S4 各 VRRP 组中高优先级配置为 150，低优先级配置为 120。

为提升冗余性，交换机 S3 与 S4 之间的 2 条互联链路（Gi0/3、Gi0/4）配置二层链路聚合，采用 LACP 动态聚合模式。

表 1-4　交换机 S3 和 S4 上的 VRRP 参数表

VLAN	VRRP 备份组号	VRRP 虚拟 IP
VLAN10	10	192.168.10.254
VLAN20	20	192.168.20.254
VLAN30	30	192.168.30.254
VLAN50	50	192.168.50.254
VLAN60	60	192.168.60.254
VLAN100	100	192.168.100.254

5）网络设备虚拟化，保障核心网络稳健运行

为增加网络的稳健性，S5 和 S6 交换机通过网络设备虚拟化技术，配置成一台虚拟网络设备集中管理，实现网络的高可靠性。当网络中的任意一台交换机出现故障时，都能实现设备、链路切换，保证业务不中断。

- 规划 S5 和 S6 间的 Te0/49-50 接口作为 VSL 链路，使用 VSU 技术实现网络设备虚拟化。其中 S5 为主机，S6 为备机。
- 规划 S5 和 S6 间的 Gi0/22 接口作为双主机检测链路，配置基于 BFD 的双主机检测功能，当 VSL 的所有物理链路都异常断开时，备机会切换成主机，从而保障网络正常。

其中，需要配置主设备参数：Domain ID 为 1；Switch ID 为 1；Priority 为 150；Description 为 Access-Switch-Virtual-Switch1。

需要配置备设备参数：Domain ID 为 1；Switch ID 为 2；Priority 为 120；Description 为 Access-Switch-Virtual-Switch2。

6）部署全网路由协议，实现全网互联互通

学校本部与分校内网均使用 OSPF、RIP 多种协议组网，实现全网的互联互通。此外，本部、分校与互联网之间使用静态路由协议实现连通。具体要求如下。

- 在学校本部网络中，S3、S4、EG1 设备之间运行 OSPF 协议，进程号为 10。规划单区域区域 0（S3、S4、EG1）。

- 分校的 R2、VSU 之间运行 RIP 协议组网。
- AC1 与其他设备通过配置静态路由实现连通。
- 要求业务网段中不出现协议报文。
- 要求所有路由协议都发布具体网段。
- 为了管理方便，需要发布 Loopback 地址。
- 优化 OSPF 相关配置，以尽量加快 OSPF 收敛。
- 外部重发布路由进入 OSPF 路由中，使用类型 1；
- 为了实现网络数据流的优化，要求本部有线业务网段数据流访问 Internet 路径为 S3 →EG1→R1，无线和管理业务网段数据流访问 Internet 路径为 S3→EG1→R1，来回数据路径一致。

4. 实施出口安全防护与远程接入

学校本部与分校无线用户需要通过独立的互联网线路访问外网资源，同时，需要针对访问资源进行用户身份认证与信息审计监督。

1）在出口设备上部署 NAT

在出口网关 EG1 和 R2 上配置 NAT，使学校本部与分校的所有用户均可访问互联网。通过 NAPT 方式将内网用户 IP 地址转换到互联网接口上。

2）广域网链路配置与安全部署

为了实现学校本部服务器区与分校互访数据的安全性，针对来往数据使用 VPN 技术进行安全保障，具体规划如下。

- 在 EG1 与 R2 出口设备之间，启用 GRE over IPsec VPN 嵌套功能。
- 创建 GRE 隧道，实现内部承载 OSPF 协议，使学校本部和分校间内网连通。
- 配置 IPsec 安全使用静态点对点模式，要求使用 esp 传输模式封装协议；isakmp 策略定义加密算法使用 3des；散列算法使用 md5，预共享密码为 admin；DH 使用组 2。此外，转换集合 myset 定义加密验证方式为 esp 3des esp md5 hmac；感兴趣流 ACL 编号为 103；加密图定义为 mymap。

5. 移动互联网搭建与无线网络优化

为顺应"互联网+"时代下移动教学的发展趋势，促进校园信息化建设，学校本部与分校均需要规划和部署无线网络。同时，为保证不同学生可以利用无线安全、可靠地访问互联网，需要进行无线网络安全及性能优化配置，确保师生有良好的上网体验。

1）无线网络基础部署

- 在学校本部的网络中部署无线网络，使用 EG1 作为本部网络中的无线用户和无线 AP 的 DHCP 服务器。

- 在学校本部的内网中创建 SSID 为 SISO BX_1；WLAN ID 为 1；AP group 为 BX。其中，在本部内网中配置无线用户关联 SSID 后，即可自动获取地址。

2）在无线网络中进行无线安全部署

- 当学校本部网络中的无线用户接入无线网络时，需要采用 WPA2 加密方式，加密密码为 admin123。
- 分校启用白名单校验，仅放通 PC2 无线终端。
- 为了防御无线局域网 ARP 欺骗影响用户上网体验，学校本部配置无线环境 ARP 欺骗防御功能。

3）分校进行胖 AP 部署

分校使用无线 AP 胖模式进行部署，具体要求如下。

- AP2 以透明模式进行部署，S5/S6 部署 DHCP 服务为无线终端及 AP 分配地址，且 AP 每次获取的地址均为 194.1.20.2。
- AP2 创建 SSID（WLAN ID 1）为 SISO SZ_1,分校内网无线用户关联 SSID 后可自动获取分校 VLAN30 网段地址。
- AP2 创建 SSID（WLAN ID 2）为 SISO SZ_2，分校内网无线用户关联 SSID 后可自动获取分校 VLAN40 网段地址。

4）在无线网络中优化无线性能

- 要求学校本部内网无线网络启用本地转发模式。
- 学校本部通过时间调度，要求每周一至周五的 21:00—23:30 关闭无线服务。
- 配置本部用户最小接入信号强度为-65dB·m；
- 配置本部关闭低速率（11b/g 1M、2M、5M，11a 6M、9M）应用接入。

案例二

扫一扫，
看微课

工程项目案例 2_配置脚本

为适应 IT 行业技术飞速发展，提升员工素养和技术能力水平，满足公司业务发展需要，某 CII 教育集团公司决定建设集团总部及北京分部。

集团公司新建的智慧网络需要具备高速、可靠、安全的信息采集、数据传输能力，以及高度集中计算和智能事务处理能力，为集团可持续发展铸就雄厚软实力。同时，CII 教育集团公司希望在本次信息化业务建设方面，打通供应商、采购物流、生产计划及销售管理等多项业务之间的连接环节，从而提升集团公司业务运营的标准化、智能化、高效化及应对异常的能力。而以上每项业务的运营对网络的稳健性、智慧性都带来了挑战，不仅需要可靠稳定的基础网络支撑，还需要统一管理运维体系保障集团公司庞大的业务正常运营。

1．云计算融合网络业务需求说明

集团网络项目规划与建设的需求如下。

（1）各分支机构通过互联网均可访问总部服务器区，实现有线、无线融合网络互联互通。

（2）机构间部署链路加密功能实现安全可靠的数据传输。

（3）机构间根据业务类别进行路由策略部署，实现业务数据分流备份。

（4）机构局域网内部部署防环、防攻击、数据负载均衡等相关策略，确保局域网业务安全、可靠。

2．云计算融合网络拓扑设计

1）网络拓扑说明

集团网络设有研发、市场、供应链 3 个部门，统一进行 IP 地址及业务资源的规划和分配。集团网络拓扑结构如图 1-1 所示，相关说明如下。

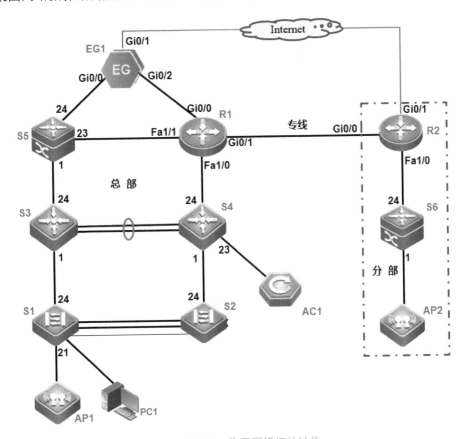

图 1-1　集团网络拓扑结构

- 两台 S2910 交换机，编号分别为 S1、S2，作为总部的接入交换机。
- 两台 S5750 交换机，编号分别为 S3、S4，作为总部的核心交换机。

- 一台 WS60008AC，编号为 AC1，作为总部的 AP 控制器。
- 一台 RSR20 路由器，编号为 R1，作为总部的核心路由器。
- 一台 EG2000 出口网关，编号为 EG1，作为总部互联网出口网关。
- 一台 RSR20 路由器，编号为 R2，作为分部出口路由器。
- 一台 S6000 交换机，编号为 S5，用于总部服务器接入。
- 一台 S6000 交换机，编号为 S6，作为分部核心交换机。
- 两台 AP520 AP，编号分别为 AP1、AP2，分别作为总部与分部的无线接入点。

2）网络拓扑连线要求与说明

网络物理连接表如表 1-1 所示，请根据图 1-1 及表 1-1 完成设备的连线。

表 1-1　网络物理连接表

源设备名称	设 备 接 口	接 口 描 述	目标设备名称	设 备 接 口
S1	Gi0/1	Con_To_PC1	PC1	\
S1	Gi0/21	Con_To_AP1	AP1	Gi0/1
S1	Gi0/24	Con_To_S3_Gi0/1	S3	Gi0/1
S1	Gi0/22	Con_To_S2_Gi0/22	S2	Gi0/22
S1	Te0/27	Con_To_S2_Te0/27	S2	Te0/27
S1	Te0/28	Con_To_S2_Te0/28	S2	Te0/28
S2	Gi0/24	Con_To_S4_Gi0/1	S4	Gi0/1
S2	Gi0/22	Con_To_S1_Gi0/22	S1	Gi0/22
S2	Te0/27	Con_To_S1_Te0/27	S1	Te0/27
S2	Te0/28	Con_To_S1_Te0/28	S1	Te0/28
S3	Gi0/1	Con_To_S1_Gi0/24	S1	Gi0/24
S3	Gi0/21	Con_To_S4_Gi0/21	S4	Gi0/21
S3	Gi0/22	Con_To_S4_Gi0/22	S4	Gi0/22
S3	Gi0/24	Con_To_S5_Gi0/1	S5	Gi0/1
S4	Gi0/1	Con_To_S2_Gi0/24	S2	Gi0/24
S4	Gi0/21	Con_To_S3_Gi0/21	S3	Gi0/21
S4	Gi0/22	Con_To_S3_Gi0/22	S3	Gi0/22
S4	Gi0/23	Con_To_AC1_Gi0/0	AC1	Gi0/1
S4	Gi0/24	Con_To_R1_Fa1/0	R1	Fa1/0
AC1	Gi0/1	Con_To_S4_Gi0/23	S4	Gi0/23
S5	Gi0/1	Con_To_S3_Gi0/24	S3	Gi0/24
S5	Gi0/23	Con_To_R1_Fa1/1	R1	Fa1/1
S5	Gi0/24	Con_To_EG1_Gi0/0	EG1	Gi0/0
R1	Gi0/0	Con_To_EG1_Gi0/2	EG1	Gi0/2
R1	Gi0/1	Con_To_R2_Gi0/0	R2	Gi0/0
R1	Fa1/0	Con_To_S4_Gi0/24	S4	Gi0/24
R1	Fa1/1	Con_To_S5_Gi0/23	S5	Gi0/23

200

源设备名称	设备接口	接口描述	目标设备名称	设备接口
EG1	Gi0/0	Con_To_S5_Gi0/0	S5	Gi0/24
EG1	Gi0/1	Con_To_R2_Gi0/1	R2	Gi0/1
EG1	Gi0/2	Con_To_R1_Gi0/0	R1	Gi0/0
R2	Gi0/0	Con_To_R1_Gi0/1	R1	Gi0/1
R2	Gi0/1	Con_To_EG1_Gi0/1	EG1	Gi0/1
R2	Fa1/0	Con_To_S6_Gi0/24	S6	Gi0/24
S6	Gi0/1	Con_To_AP2	AP2	Gi0/1
S6	Gi0/24	Con_To_R2_Fa1/0	R2	Fa1/0

3. 云计算融合网络部署

1）虚拟局域网及 IPv4 地址部署

为了减少广播，需要规划并配置 VLAN，具体要求如下。

- 配置合理，Trunk 链路上不允许不必要的 VLAN 数据流通过。
- 为隔离网络中部分终端用户间的二层互访，在交换机 S1/S2 上使用接口保护功能。
- 根据上述信息及表 1-2、表 1-3，在各设备上完成 VLAN 配置和接口分配及 IPv4 地址分配。

表 1-2　网络设备名称表

拓扑图中设备名称	配置主机名（hostname 名）
S1	ZB-VSU-S2910
S2	ZB-VSU-S2910
S3	ZB-S5750-01
S4	ZB-S5750-02
S5	ZB-S6000-01
S6	FB-S6000-01
R1	ZB-RSR20-01
R2	FB-RSR20-01
AC1	ZB-WS6008-01
EG1	ZB-EG2000-01
AP1	ZB-AP520-01
AP2	FB-AP520-01

表 1-3　IPv4 地址分配表

设备	接口或 VLAN	VLAN 名称	二层或三层规划	说明
S1/S2	VLAN10	Res	Gi0/1 至 Gi0/4	研发
	VLAN20	Sales	Gi0/5 至 Gi0/8	市场
	VLAN30	Supply	Gi0/9 至 Gi0/12	供应链

设备	接口或 VLAN	VLAN 名称	二层或三层规划	说明
S1/S2	VLAN50	AP	Gi0/20 至 Gi0/21	无线 AP 管理
	VLAN100	Manage	192.1.100.1/24	设备管理 VLAN
S3	VLAN10	Res	192.1.10.252/24	研发
	VLAN20	Sales	192.1.20.252/24	市场
	VLAN30	Supply	192.1.30.252/24	供应链
	VLAN50	AP	192.1.50.252/24	AP
	VLAN60	Wireless	192.1.60.252/24	无线用户
	VLAN100	Manage	192.1.100.252/24	设备管理 VLAN
	Gi0/1	Trunk	\	\
	Gi0/21-22	Trunk	\	\
	Gi0/24	\	10.1.0.2/30	\
	Loopback 0	\	11.1.0.33/32	\
S4	VLAN10	Res	192.1.10.253/24	研发
	VLAN20	Sales	192.1.20.253/24	市场
	VLAN30	Supply	192.1.30.253/24	供应链
	VLAN50	AP	192.1.50.253/24	AP
	VLAN60	Wireless	192.1.60.253/24	无线用户
	VLAN100	Manage	192.1.100.253/24	设备管理 VLAN
	Gi0/1	Trunk	\	\
	Gi0/21-22	Trunk	\	\
	Gi0/23	\	10.1.0.21/30	\
	Gi0/24	\	10.1.0.6/30	\
	Loopback 0	\	11.1.0.34/32	\
AC1	Loopback 0	\	11.1.0.204/32	\
	Gi0/0	\	10.1.0.22/30	\
S5	Gi0/1	\	10.1.0.1/30	\
	Gi0/23	\	10.1.0.9/30	\
	Gi0/24	\	10.1.0.14/30	\
	VLAN101	Cloud	192.1.101.1/24	云平台
	VLAN102	Servers	192.1.102.1/24	服务器集群
	Loopback 0	\	11.1.0.35/32	\
R1	VLAN10	Con_To_S4	10.1.0.5/30	Fa1/0
	VLAN20	Con_To_S5	10.1.0.10/30	Fa1/1
	Gi0/0	\	10.1.0.18/30	\
	Gi0/1	\	20.1.0.1/30	\
	Loopback 0	\	11.1.0.1/32	\
EG1	GI0/0	\	10.1.0.13/30	\
	GI0/1	\	40.1.0.1/30	\
	GI0/2	\	10.1.0.17/30	\
	Loopback 0	\	11.1.0.11/32	\

设备	接口或 VLAN	VLAN 名称	二层或三层规划	说明
R2	Gi0/0	\	20.1.0.2/30	\
	Gi0/1	\	40.1.0.2/30	\
	VLAN10	Con_To_S6	10.1.0.25/30	Fa1/0
	Loopback 0	\	11.1.0.2/32	\
S6	VLAN10	User	194.1.10.254/24	分部有线用户
	VLAN20	Wireless_user	194.1.20.254/24	分部无线用户
	VLAN30	AP	194.1.30.254/24	分部无线 AP
	VLAN100	Manage	194.1.100.254/24	设备管理 VLAN
	Gi0/24	\	10.1.0.26/30	\
	LoopBack 0	\	11.1.0.36/32	\

2）在局域网中部署环路规避方案

为避免网络接入设备上出现环路，影响全网运行状态，要求在网络接入交换机 S1、S2 上进行防环处理，具体要求如下。

- 在连接 PC 的终端接口上，启用 BPDU 防护，不接收 BPDU 报文。

- 在终端接口上启用 RLDP 防止环路，检测到环路后处理方式为 Shutdown-Port。

- 配置连接终端的所有接口为边缘接口。

- 如果接口被 BPDU Guard 检测进入 Err-Disabled 状态，则过 300s 后会自动恢复（基于接口部署策略），并重新检测是否有环路。

3）部署 DHCP 中继与服务安全

在交换机 S3、S4 上配置 DHCP 中继，对 VLAN10 内的用户通过中继方式获取地址，使得总部 PC1 用户使用 DHCP Relay 方式获取 IP 地址。具体要求如下。

- DHCP 服务器搭建于 S5 上，地址池命名为 Pool_VLAN10。其中，DHCP 对外服务使用 Loopback 0 地址；

- 为了防御在动态地址获取环境中，局域网内部出现伪 DHCP 服务欺骗，在 S1、S2 交换机上部署 DHCP Snooping 功能。

4）部署 MSTP 及 VRRP 技术，实现网络冗余

在总部交换机 S1、S2、S3、S4 上配置 MSTP 防止二层环路；要求所有有线数据流通过 S3 转发，当 S3 失效时通过 S4 转发。配置的参数要求如下。

- region-name 为 ruijie。

- revision 版本号为 1。

- S3 作为实例中的主根， S4 作为实例中的从根。

- 主根优先级为 4096，从根优先级为 8192。

- 在 S3 和 S4 上配置 VRRP，实现主机的网络冗余，所配置的参数要求如表 1-4 所示。

- S3、S4 各 VRRP 组中高优先级配置为 150，低优先级配置为 120。

表 1-4   交换机 S3 和 S4 上的 VRRP 参数表

VLAN	VRRP 备份组号	VRRP 虚拟 IP
VLAN10	10	192.1.10.254
VLAN20	20	192.1.20.254
VLAN30	30	192.1.30.254
VLAN50	50	192.1.50.254
VLAN60	60	192.1.60.254
VLAN100	100	192.1.100.254

5）网络设备虚拟化，保障核心网络稳健运行

为增加网络的稳健性，S1 和 S2 交换机通过网络设备虚拟化技术，配置成一台虚拟网络设备集中管理，实现网络的高可靠性。当网络中的任意一台交换机出现故障时，都能实现设备、链路切换，保证业务不中断。

- 规划 S1 和 S2 间的 Te0/27-28 接口作为 VSL 链路，使用 VSU 技术实现网络设备虚拟化。其中 S1 为主机，S2 为备机。

- 规划 S1 和 S2 间的 Gi0/22 接口作为双主机检测链路，配置基于 BFD 的双主机检测功能，当 VSL 的所有物理链路都异常断开时，备机会切换成主机，从而保障网络正常。

其中，需要配置主设备参数：Domain ID 为 1；Switch ID 为 1；Priority 为 150；Description 为 Access-Switch-Virtual-Switch1。

需要配置备设备参数：Domain ID 为 1；Switch ID 为 2；Priority 为 120；Description 为 Access-Switch-Virtual-Switch2。

6）部署全网路由协议，实现全网互联互通

总部与分部内网均使用 OSPF 协议组网，实现全网的互联互通。此外，总部、分部与互联网之间使用静态路由协议实现连通。具体要求如下。

- 在总部网络中，S3、S4、S5、R1、AC1、EG1 设备之间运行 OSPF 协议，进程号为10。规划区域 0（S3、S4、S5、R1），区域 1（S5、R1、EG1），区域 2（S4、AC1）。

- 分部的 R2、S6 之间运行 OSPF 协议。其中，进程号为 10，规划单区域区域 0（R2、S6）。

- 要求业务网段中不出现协议报文。

- 要求所有路由协议都发布具体网段。

- 云平台和服务器通过引入方式连入总部网络。

- 为了管理方便，需要发布 Loopback 地址。

- 优化 OSPF 相关配置，以尽量加快 OSPF 收敛。
- 外部重发布路由进入 OSPF 路由中，使用类型 1。

7）部署 BGP 路由

为了确保总部和分部之间网络的互联互通，提升效率和质量，申请二级运营商专线业务，运营商网络部署要求如下。

- 在 R1 上部署 EBGP。其中，AS 号为 100，使用直连接口建立 Peer。
- 在 R2 上部署 EBGP。其中，AS 号为 200，使用直连接口建立 Peer。
- 在 R1、R2 的 BGP 邻居关系建立成功后，需要将内网路由以 B 类汇总路由的方式发布到 BGP 中、并将 BGP 中的路由发布到内网中。

8）IPv6 部署

总部和分部部署 IPv6 实现 IPv6 终端互联互通，IPv6 地址规划表如表 1-5 所示。

表 1-5　IPv6 地址规划表

设备	接口	IPv6 地址	VRRP 组号	虚拟 IP
S3	VLAN10	2001:192:10::252/64	10	2001:192:10::254/64
	VLAN20	2001:192:20::252/64	20	2001:192:20::254/64
	VLAN30	2001:192:30::252/64	30	2001:192:30::254/64
	VLAN50	2001:192:50::252/64	50	2001:192:50::254/64
	VLAN60	2001:192:60::252/64	60	2001:192:60::254/64
	VLAN100	2001:192:100::252/64	100	2001:192:100::254/64
S4	VLAN10	2001:192:10::253/64	10	2001:192:10::254/64
	VLAN20	2001:192:20::253/64	20	2001:192:20::254/64
	VLAN30	2001:192:30::253/64	30	2001:192:30::254/64
	VLAN50	2001:192:50::253/64	50	2001:192:50::254/64
	VLAN60	2001:192:60::253/64	60	2001:192:60::254/64
	VLAN100	2001:193:100::253/64	100	2001:192:100::254/64
	Gi0/24	2001:193:10::1/64		
R1	VLAN10	2001:193:10::2/64		
	Tunnel 0	2001:191:10::1/64		
S6	VLAN10	2001:194:10::254/64		
	VLAN20	2001:194:20::254/64		
	VLAN30	2001:194:30::254/64		
	VLAN100	2001:194:100::254/64		
	Tunnel0	2001:191:10::2/64		

- 总部与分部 IPv6 网络实现机构内网 IPv6 终端可自动从网关处获取地址。
- 在 S3 和 S4 上配置 VRRP for IPv6，实现主机的 IPv6 网络冗余。
- VRRP 与 MSTP 的主备状态与 IPv4 网络一致。

- S3 与 S4 间部署 OSPFv3，进程号为 10，区域号为 0。
- R1 和 S6 间部署 IPv6 GRE 隧道，隧道内部署 OSPFv3 协议，实现总分机构间 IPv6 终端互联互通。

4. 实施出口安全防护与远程接入

总部与分部无线用户需要通过独立的互联网线路访问外网资源，同时，需要针对访问资源进行用户身份认证与信息审计监督。

1）出口网关与路由器部署 NAT

在出口网关 EG1 和 R2 上配置 NAT，使总部与分部的所有用户均可访问互联网。通过 NAPT 方式将内网用户 IP 地址转换到互联网接口上。

2）广域网链路配置与安全部署

为了实现总部服务器区与分支机构互访数据的安全性，当分部 R2 与 R1 之间的专线发生故障时，确保分部可以正常访问总部资源，针对来往数据使用 VPN 技术进行安全保障，具体规划如下。

- 在 EG1 与 R2 出口设备之间，启用 IPsec VPN 建立 IPsec 隧道，实现总部与分部数据互通及加密处理。
- 配置 IPsec 安全使用静态点对点模式，要求使用 esp 传输模式封装协议；isakmp 策略定义加密算法使用 3des；散列算法使用 md5，预共享密码为 admin；DH 使用组 2。此外，转换集合 myset 定义加密验证方式为 esp-3des esp-md5-hmac；感兴趣流 ACL 编号为 103；加密图定义为 mymap。

5. 移动互联网搭建与无线网络优化

为顺应"互联网+"时代下移动网络技术的发展趋势，在集团全网规划和部署无线网络。同时，为保证员工利用无线安全、可靠地访问互联网，需要进行无线网络安全及性能优化配置。

1）无线网络基础部署

- 使用 AC 作为总部无线用户 DHCP 服务器，使用 S2/S3 作为总部 AP 的 DHCP 服务器，S2 分配地址范围为其网段的 1～100，S3 分配地址范围为其网段的 101～200。使用 S6 作为分部无线用户与 AP DHCP 服务器，为其终端自动分配地址。
- 创建总部 SSID 为 SISO-ZB_1，AP group 为 ZB。在总部内网中配置无线用户关联 SSID 后，即可自动获取地址。
- 创建分部 SSID 为 SISO-FB_1，AP group 为 FB。分部无线用户关联 SSID 后可自动获取地址。

- 当总部网络中的无线用户接入无线网络时，需要采用 WPA2 加密方式，加密密码为 admin123。

2）在无线网络中优化无线性能

- 为降低 AC 性能压力，Fit AP 统一采用本地转发模式。
- 为了保障总部每个用户的无线体验，针对 WLAN1 下的每个用户，配置下行平均速率为 800kB/s，突发速率为 1600kB/s。
- 限制 AP 的每个射频卡最大带点人数为 16 人。
- 配置总部用户最小接入信号强度为-65dB·m。
- 配置总部关闭低速率（11b/g 1M、2M、5M，11a 6M、9M）应用接入。

华信SPOC官方公众号

欢迎广大院校师生 **免费**注册应用

www. hxspoc. cn

华信SPOC在线学习平台

专注教学

教学课件
师生实时同步

数百门精品课
数万种教学资源

多种在线工具
轻松翻转课堂

电脑端和手机端（微信）使用

测试、讨论、
投票、弹幕……
互动手段多样

一键引用，快捷开课
自主上传，个性建课

教学数据全记录
专业分析，便捷导出

登录 www. hxspoc. cn 检索 华信SPOC 使用教程 获取更多

华信SPOC宣传片

教学服务QQ群： 1042940196
教学服务电话：010-88254578/010-88254481
教学服务邮箱： hxspoc@phei. com. cn

电子工业出版社
PUBLISHING HOUSE OF ELECTRONICS INDUSTRY   华信教育研究所